古代生物図鑑

岩見　哲夫
Iwami Tetsuo

ベスト新書
495

はじめに

宇宙に漂う物質から太陽系が形成され、地球が誕生してから約46億年を経た現在、わたしたちの周りは生命に満ち溢れています。地球上に生命が誕生したのは今から約38億年前といわれています。そして今現在、さまざまな形・生活様式をもつ地球上の生物すべては、38億年前に地球上に誕生した共通の祖先に起源をもつというのが一般的な考えです。38億年という長い年月で、生命はどのように進化してきたのか。このテーマは、長きにわたって人々の興味を引きつけてきました。とくに、生命史は最終的にわたしたちヒトの出現に連なる物語ですので、誰しも興味を抱かざるを得ないのでしょう。

近年、さまざまな生物のＤＮＡ解析プロジェクトが国際協力のもとで集中的に進められていることもあり、生物のＤＮＡ情報の収集とその解析に関して目覚ましい成果が上っています。そして、これらの成果の一部は、分類や系統進化を扱う生物学の分野や古生物学の分野にも大きな影響を及ぼしており、今までは常識と思われていた事柄が、再検討され、修正されるといったこともめずらしくありません。映画『ジュラシック・パーク』で描かれたような、コハクに閉じ込められた吸血昆虫から恐竜の血液（の痕跡）を採取し、そこから恐竜のＤＮＡ情報を復元したという話はあくまでもフィクションですが、実際に化石からその生物のＤＮＡを取り出すことに成功したとの報告もあります。太古の生物のＤＮＡ情報が解析できれば、その情報を頼りに関連生物群の進化の道筋、系統関係が、より客観的な評価のもと、構築できるようになります。

しかし、すべての生物について質の高いＤＮＡ情報を得ることは不可能です。ましてや化石しかない状況では、よほど特別なものでないかぎりＤＮＡ情報の入手などはまだまだ夢物語です。現時点では、採集できた化石を可能な限り詳細に観察し、残された形態を解析して、その形態に秘められた機能を推定、化石が埋まっていた地層から得られる情報も駆使して、その古生物の生きざまを復元していくことが、その生物の進化の道筋を探るもっとも確実な方法なのです。生物の形に関する情報は膨大なストックがありますので、化石と類似した形態をもつ生物を現生種から見つけ出し、今生きている生物を用いてその機能や生態学的意義などを推定することもできます。それを化石の分析から得られた形態学的情報に当てはめていけば、ある程度の確からしさで、太古の生物を「蘇らせる」ことができます。

本書では、太古の時代に生きていた生物の特徴を化石と復元図（想像図）で紹介しつつ、その生態について、できる限り新しい情報を用いて解説するようにしました。本書をお読みいただいて、どうしてこんな形をしているのだろう、どうしてその時代の生態系の頂点に君臨できたのだろう、さらには、どうして絶滅してしまったのだろうと想像していただき、みなさんの頭のなかにそれらの生物たちを「蘇らせる」ことができれば、本書の目的は達成できたものと考えています。

地球史カレンダー

7月	18日～8月11日 細胞に核をもつ真核生物の誕生 18日 ヒューロニアン氷期終わる。同時に、シアノバクテリアの光合成による大気中の酸素量が増大（大酸化事変）
8月	
9月	27日 多細胞生物が誕生
10月	
11月	17日 エディアカラ動物群と呼ばれる大型多細胞生物、骨格をもつ動物の誕生／19～20日 カンブリア動物群が出現（カンブリア大爆発）／22日 魚類が誕生／26～28日 植物が海から陸へ上がる、また節足動物も上陸する／30日 昆虫が誕生
12月	2日 デボン紀末の大量絶滅が起こる／3日 両生類が誕生／8日 有羊膜類（爬虫類と哺乳類の共通先祖）、爬虫類が誕生／11日 超大陸「パンゲア」が誕生／13日 恐竜時代の始まり／14日 哺乳類が誕生／26日 白亜紀末の大量絶滅／29日 午後3時ごろ 類人猿の先祖となる狭鼻猿が誕生／31日午前10時ごろ 最初の猿人誕生、午後23時30分ごろ現生人類（新人＝ホモ・サピエンス）誕生

▶ 7月26日 20億年前
▶ 10月13日 10億年前
▶ 10月29日 8億年前
▶ 11月30日 4億年前
▶ 現在

46億年を1年間にたとえると…

▶46億年前

1月

1日 地球誕生
12日 地球に天体が衝突し月が誕生
16日 海が誕生

2月

▶2月17日 40億年前

25日 原始生命が誕生（全生物の共通先祖）

3月

4月

5月

▶5月7日 30億年前

31日 光合成を行うシアノバクテリア（ラン藻）が誕生

6月

24日 ヒューロニアン氷期始まる。
これからしばらく地球全体が氷に覆われ凍結する（スノーボールアース）

[単位＝100万年]

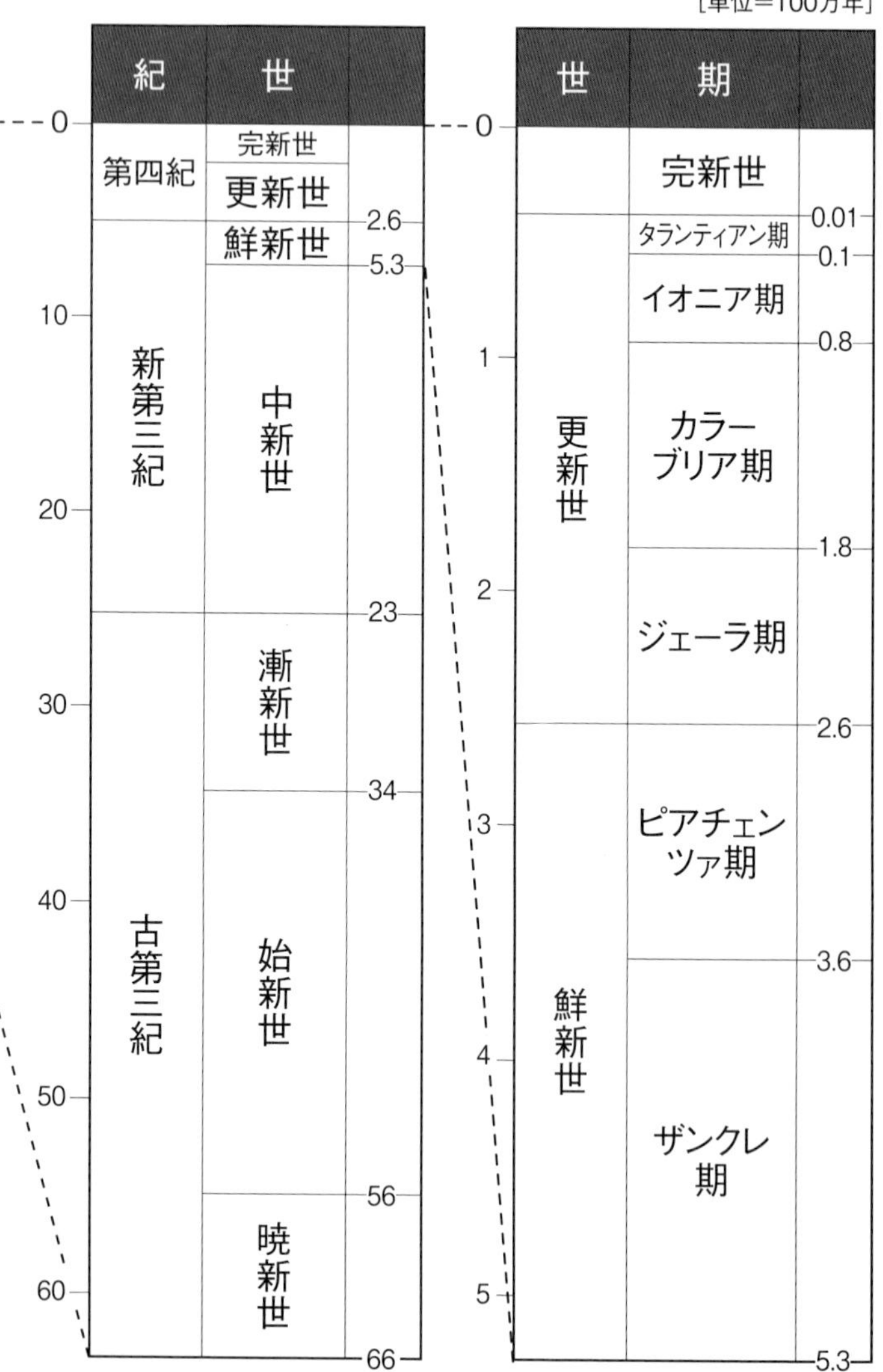

※Intenational Commission on Stratigraphy
IIntenational Chronostratigraphic Chart 2015 をもとに作成。

地質年代表

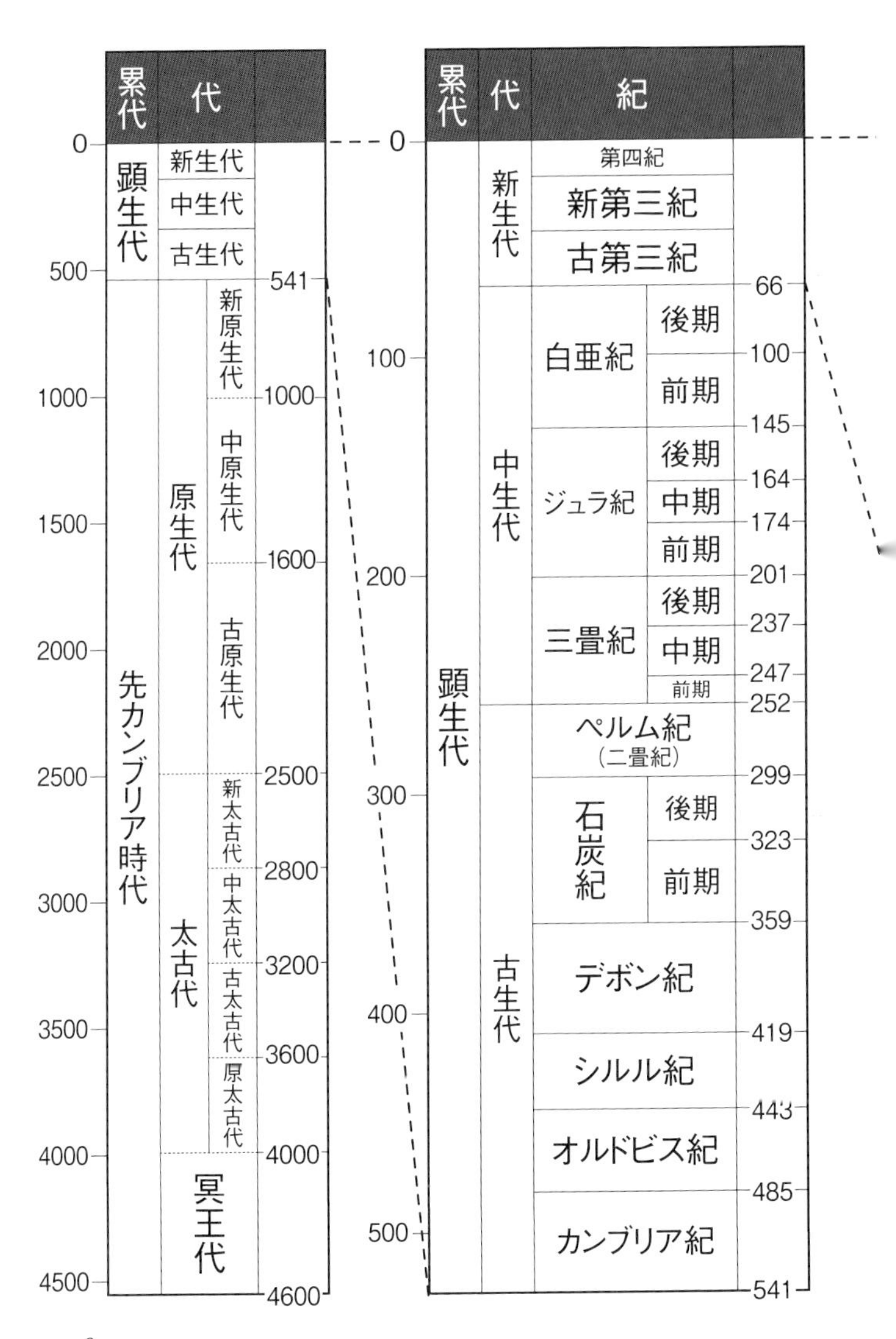

累代
代
顕生代
新生代
中生代
古生代
先カンブリア時代
原生代
新原生代
中原生代
古原生代
太古代
新太古代
中太古代
古太古代
原太古代
冥王代
0
500
1000
1500
2000
2500
3000
3500
4000
4500
541
1000
1600
2500
2800
3200
3600
4000
4600
累代
代
紀
第四紀
新第三紀
古第三紀
白亜紀
後期
前期
ジュラ紀
後期
中期
前期
三畳紀
後期
中期
前期
ペルム紀
(二畳紀)
石炭紀
後期
前期
デボン紀
シルル紀
オルドビス紀
カンブリア紀
0
100
200
300
400
500
66
100
145
164
174
201
237
247
252
299
323
359
419
443
485
541

古代生物図鑑　目次

第3章 オルドビス紀とシルル紀の生物

第4章 デボン紀の生物

5章 石炭紀とペルム紀の生物

第6章 三畳紀とジュラ紀の生物

第7章　白亜紀の生物

第8章　新生代の生物

「イーダ」の愛称で知られるダーウィニウス・マシラエの化石（212ページ）。

COLUMN
もっと知りたい生物史

序章

約46億～約6億3500万年前

生命の萌芽

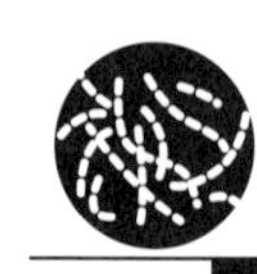

約46億〜38億年前

地球の成り立ちと生命の始まり

約46億年前、銀河系の一角で名もない星が超新星爆発を起こした。超新星爆発とは、星がその最期に起こす大爆発で、太陽はこれをきっかけに生まれた。材料となったのは、超新星爆発で散らばった水素やヘリウムなどのガス、星々のあいだを漂うさまざまな元素からなるチリだ。このガスやチリが、みずからの重力で寄り集まり、ほかよりも高密度な分子雲を形成。それが収縮することで、中心部に原始太陽が生まれた。

原始太陽は周囲にガスやチリからなる円盤をもち、その円盤にある物質が原始太陽の中心部へと供給される。さらに収縮が進んで中心部が1000万℃以上になると、水素をヘリウムに変える核融合反応が始まる。膨大なエネルギーを生じる核融合反応によって、原始太陽はみずからが輝く太陽へと姿を変えた。このとき、原始太陽を取り巻いていたガスは、長大な円盤（原始太陽系円盤）をつくった。その円盤内部のガスやチリが衝突と合体を繰り返し100億個もの微惑星（直系10キロメートルほどの小天体）を生んだ。次いで、微惑星同士が衝突・合体して20もの原始惑星となったあと、この原始惑星同士が衝突と合体を繰り返して地球（原始地球）をはじめとする太陽系の惑星が生まれたのである。

原始地球には、次々と微惑星が落下、衝突していった。微惑星は衝突エネルギーによって瞬間的に数千℃以上の高温を生じる。これにより地表の岩石や微惑星自身も融解し、岩石から水蒸気や二酸化炭素などのガスが放出され、これが原始大気をつくった。水蒸気も二酸化炭素もいわゆる「温室効果ガス」で、微惑星の衝突エネルギーで生じた熱は、宇宙空間へ逃げることなく地球にとどめられた。その結果、原始地球の表面は、冷える暇がなく、ドロドロに溶けたマグマの海（マグマオーシャン）が覆っていたと考えられている。

マグマオーシャンは徐々に冷えていったが、約44億5000万年前に「ジャイアントインパクト」と呼ばれる、火星サイズの原始惑星との衝突が起こった。その結果、飛び散った破片から月が誕生し、いっぽうの地球は衝突のエネルギーによって再びマグマオーシャン化したとされている。ただし、地球上で見つかっている最古の物質は約44億年前の鉱物、オーストラリア西部で発見されたジルコン（ケイ酸塩鉱物の一種）であり、マグマオーシャンの直接的証拠は見つかっていない。

微惑星の衝突が少なくなると、地表は徐々に冷えていった。すると、大量の水蒸気などを含む原始大気も冷やされる。やがて、水蒸気から厚い雲を生じ、１０００年間も雨が降り続いたという。このようにして海は急激に誕生したとされる。

地質学的な証拠から、地球には38億年ほど前には安定した海があったことがわかっている。また、44億年前のジルコンを分析した結果、当時の地球は、すでに液体の水が存在し得る環境（低温）だったとする意見がある。それが事実ならば、地球は44億年前にはすでに海を有していた可能性が高い。つまり、ジャイアントインパクトによって、地球の海は一度、干上がったということになる。

原始地球が融解したとき、鉄などの重たい金属は地球内部へ沈み、軽い岩石は逆に浮上した。すると、地球の核を形成した鉄やニッケルなどの金属が、地球の自転とともに回転して磁場（地磁気）を生み出した。事実、約38億年前の溶岩からは、残留磁気が確認されている。地磁気の形成は、太陽から放出される荷電粒子（プラズマ）である太陽風の侵入を食い止めることとなった。もしも地磁気がなくて太陽風が直接に地上へ届いてしまったなら、遺伝子のような物質は簡単に破壊されてしまうので、生命の誕生は難しかったことだろう。こうして地上では、生命誕生に適した環境がつくり上げられていった。

40億～37億年前、いよいよ地球に最初の生命が宿る。その場所として有力視されている

「最古の生命」とも考えられる「バクテリアの化石」を含んだ35億年前のチャート。オーストラリア西部、ピルバラ地域・ノースポール産。
所蔵：神奈川県立生命の星・地球博物館（撮影：村上裕也）

のが、深海にある熱水噴出孔（チムニー）周辺だ。そこでは、マグマにより200〜350℃に熱せられた水が噴き出している。熱水にはメタンや硫化水素のほか、鉄、マンガン、亜鉛といった金属イオンが豊富に含まれている。現在のチムニー周辺にも、メタンなどをエネルギー源とするバクテリア、それらを食べるさまざまな生物が、特殊な生態系を形成している。

生命の材料である有機物は、宇宙からきたとする宇宙起源説も提唱されている。宇宙にはガスとチリからなる暗黒星雲があり、チリには多様な元素が含まれている。そして、紫外線や宇宙線などの放射線がチリに当たることで有機物ができる。この有機物を取り込んだ彗星などの天体が地球へと落下して生命が生まれた、と考えられているのだ。

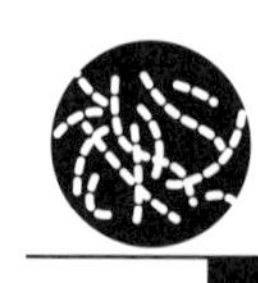

約38億～21億年前

原核生物と真核生物の誕生

約38億年前、地球上に最初の生命が生まれた。それは、熱水噴出孔（チムニー）付近に現生するバクテリアなどと同様に、メタンや水素などをエネルギー源とし、酸素が不要な嫌気性の生物だった。また、地球に現れた初期の生物は、細胞ひとつが1個体の「単細胞生物」であり、核膜によってＤＮＡがパックされていない「原核生物」だったことは確実である。

ところで、嫌気性細菌は、酸素が不要どころか酸素に触れるだけで死滅してしまう。わたしたち人間には、にわかには信じがたいが、もともと酸素は生物にとって猛毒な物質だったのだ。

オーストラリア西部のピルバラには、約35億年前の地層が残されている。同地では、世界最古の化石探しが盛んで、実際、１９９３年にはウエスタンオーストラリア大学と英オックスフォード大学の研究チームによって、約35億年前という最古級の化石が見つかっている。それは嫌気性の原核生物（バクテリア）の一種とされているが、異論もありいまだに議論が続いている。ちなみに、東京大学の研究グループが、グリーンランド・イスアにある約38億年前の堆積岩から生命の痕跡を見つけたと発表しており、「最古の生物」に関しては、さらに記録が塗り変えられるかもしれない。

約24億5000万年前、原核生物がすむ海に一大事件が起こった。次項で詳述するシアノバクテリアの大繁殖（大酸化事変）により、海に酸素があふれかえったのだ。嫌気性生物にとって、酸素は自身を酸化・分解する猛毒である。そうした一大事に、嫌気性の原核生物がとった作戦が、酸素の浸透しにくい、地下や水底の底泥中などに潜るというものだった。

さらに、こうした環境の変化に適応するように、原核生物は進化していった。酸素を利用できるほかの原核生物を細胞内に取り込み、DNAを膜（核膜）で包んだ真核生物が誕生したのである。アメリカ・ミシガン州に残る約21億年前の縞状鉄鉱層からは、グリュパニアと呼ばれる長さ2ミリメートル、幅0・5ミリメートルほどのコイル状をした生物化石が見つかっている。このグリュパニアは、単細胞生物が連なった形状をしているが、その大きさからも細胞内に核をもった真核生物であろうと考えられている。

グリュパニア　*Grypania*
アメリカ・ミシガン州にある約21億年前とされる縞状鉄鉱層で見つかった、「最古の真核生物」ともいわれるグリュパニアの化石。それぞれ長さは2ミリメートル、幅が0.5ミリメートルほどで、多くはコイル状に丸まっている。

シアノバクテリアによってつくられる、堆積構造物であるストロマトライト。成長速度は、1年間で0.5ミリメートルほど。いかに長い時間をかけて形成されるかがわかるだろう（写真：岩見哲夫）。

オーストラリア西岸のシャーク湾に見られる現生のストロマトライト。表面部分に分布する生きたシアノバクテリアが、光合成をして酸素を放出している。その下の層には、海水中の硫酸イオンを取り込んで、それをエネルギー源とする、硫酸還元菌と呼ばれる細菌の一種が集まっている。

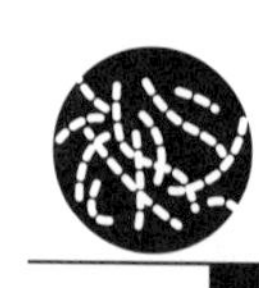

約27億〜20億年前

海に現れた最初の光合成生物

約27億年前にはいくつかの大陸ができていた。そうした大陸の周辺に発達していた浅瀬には、まるで岩石のような丸みをおびた物体から気泡がわき出ていた。岩のような物体は、原核生物の一種であるシアノバクテリアがつくる、ストロマトライトという堆積構造物。気泡の正体は酸素だった。

現在、ほとんどの生物にとって、その生命維持に欠かせない酸素を、史上初めてつくり出したのが、このシアノバクテリアである。

シアノバクテリアは、さんさんと輝く太陽の光エネルギーを利用して、水と二酸化炭素から、有機物をつくり出している。これを光合成というが、この過程で、廃棄物として酸素が放出される。そして、爆発的に増殖したシアノバクテリアが、光合成によって酸素を放出し、地球の大気組成を変えていったのである。

かつてラン藻とも呼ばれていたシアノバクテリアは、水陸いずれの環境にも生息し、これまでに1500種以上が確認されている。そして、ある種のシアノバクテリアは粘液を分泌するため、成長とともに海中の泥などといっしょに何層にも積み重なっていく。こうしてできるのが前出のストロマトライトだ。

ストロマトライトの化石は、約27億年前以後の地層では数多く見つかっているが、27億年よりも前の地層からはほとんど発見されていない。27億年前といえば、鉄やニッケルでできた地球の核の動きが活動的になり、地磁気が強くなり始めた頃だ。つまり、強い地磁気は生命にとって危険な太陽風の侵入を防ぎ、こうした変化によって、生物は深海だけでなく浅瀬でも生きていけるようになった。このときシアノバクテリアもまた浅瀬へと進出し、結果として27億年前の地層に化石が多く残ったのだと思われる。また、シアノバクテリアの大繁殖と活発な酸素供給は、地球を有害な紫外線から守るオゾン層を形成するとともに、酸素を利用する生物たちの大型化など、生物の急激な進化をもたらした。なお、オーストラリア西部にあるシャーク湾では、ストロマトライトが現生している。

24億5000万年前、大繁殖したシアノバクテリアは、大酸化事変と呼ばれる急激な変動を引き起こした。地球大気の主成分が二酸化炭素と水蒸気だった時代に、酸素量が現在の100分の1程度まで上昇。酸素濃度は以前の1万倍超になったという。

大繁殖したシアノバクテリアが放出する大量の酸素と海水中の鉄イオンとが結びついてできた赤色の酸化鉄が、浅瀬の海底に沈殿して美しい層をなした縞状鉄鉱層（写真：岩見哲夫）。

この急増した酸素は、海水に大量に含まれていた鉄イオンと結合し、海を酸化鉄の赤色に染めた。世界各地の地層で見つかっている縞状鉄鉱層は、このとき生じた酸化鉄とケイ酸塩鉱物が、文字どおり縞状に堆積したもの。また、現在、わたしたちが利用している鉄資源は、このときにつくられた鉄鉱石を精錬したものだ。

さて、その後も増え続ける酸素は、3億年ほどかけて結合相手の鉄イオンを使い果たし、いよいよ大気へと出ていった。そして、大気中にあふれ出た酸素は、地表の岩石中にある鉄とも結びつき、当時、灰色の花崗岩が覆っていた灰色の地球を赤色に変えた。このときの酸化鉄が赤色砂岩を形成している。

第1章

約6億3500万～約5億4100万年前

エディアカラ動物群

約6億3500万～約5億4100万年前

エディアカラ動物群とは？

約6億3500万年前、単細胞生物と微小な多細胞生物しかいなかった地球に、より大きな多細胞生物が登場した。エディアカラ紀の始まりである。

1946年、最初に化石が発見されたオーストラリアのエディアカラ丘陵にちなんで名付けられたエディアカラ紀は、カンブリア紀より前という意味を込めて「先カンブリア時代」とひとくくりにされる時代の最後にあたる。約6億3500万年前から5億4100万年前の地質年代として、明確に定義されたのは2004年。のちに現れるカンブリア紀の動物ともまったく異なるエディアカラ動物群とよばれる生物たちは、どのようにして発生し、進化を遂げたのだろうか。その謎を解くカギは、当時の地球環境にある。

約8億年から6億年前、地球は全球凍結（スノーボールアース）というとんでもないイベントを経験した。そして、エディアカラ動物群の出現と、この全球凍結は切っても切り離せない関係にある。この時代、地球全土は分厚い氷に覆われていたが、地球内部ではマントルが対流し、その影響で火山活動が続いていた。全球凍結のあいだ多くの生物は死滅したが、火山の周辺では凍結をのがれたオアシスのような場所があり、そのような場所で生きながらえた生物がいたのである。凍えた大地は、やがて火山活動で地上に噴出した二酸化炭素などの温室効果ガスの蓄積による温暖化で、数千万年の時を経て融解する。大気は不安定となり、風速300キロメートルものスーパーハリケーンが吹き荒れた。

やがて、生物が減少したために蓄積した栄養分を利用して、酸素を生み出すシアノバクテリアが大量に発生。これによって酸素濃度が上昇した。酸素濃度の上昇は、次のカンブリア紀まで続いたとされる。なお、多細胞生物は、細胞間の結合にコラーゲンというタンパク質を利用するが、コラーゲンの合成には大量の酸素が必要だ。つまり、エディアカラの動物たちは、豊富な酸素を利用して大型化を達成したと考えられる。

全球凍結の解除、酸素濃度の上昇という劇的な環境変化を受けて進化を遂げたエディアカラ動物群。270種ほど見つかっているそれらは眼をもたない生物で、左右非対称の種類も知られる。明瞭な内部構造や消化管の痕跡すら見つからず、現生するどの動物に近いのか？　という議論は今も繰り返されている。なかには陸生の地衣類の集合体とする説もある、謎に包まれた動物たちなのである。

水中に生息していたと考えられているエディアカラ動物群のイメージ。左から、半球のような構造をもつキンベレッラ、薄い楕円形をしたディッキンソニア、その右奥にはトリブラキディウム、その周囲には海底に直立する葉状のカルニアが描かれている。

エディアカラ紀

扁平なマット状動物ディッキンソニア

ディッキンソニアは、オーストラリアやロシアなど世界各地で数多く発見されているエディアカラ動物群を代表する生物だ。現在までにディッキンソニア・コスタータ、ディッキンソニア・テヌイス、ディッキンソニア・リッサなど複数の種類が確認されている。

扁平な楕円形をした動物で、体長は1センチメートルに満たない小さなものから1メートル近い大型のものまで多様。ところが、内部には明確な消化管やその他の構造が見られないというのだから、謎というほかにない。

また、一見すると左右対称に見えるが、体軸を中心として左右に伸びた体節様の構造がじつは中央でつながっておらず、わずかにずれていることがわかる（34ページの化石写真参照）。下面全体をとおして栄養分を吸収するのではないかという説もあるが、どのようにしてエネルギーを得て生きていたのかは解明されていない。加えて、体のどちらが前なのかもわからないなど、ディッキンソニアがいったいどんなグループに属する生物なのか明確に分類できていない。

そんななか、化石の詳細な分析により、葉のように広がった部分は中空の構造（キルト構造）になっており、見た目だけではなく断面がエアマットのような構造をしていたと判明した。海底を這うようにして移動していた可能性も指摘されている。

ところで、全球凍結解除ののち大発生したシアノバクテリアが酸素を生み出し、この酸素をもとにしてエディアカラ紀の生物は巨大化していったというのが有力な説だ。しかし、扁平で巨大化することによるメリットとは何だったのだろうか。その理由はよくわかっていないが、ディッキンソニアをはじめとする多くのエディアカラ動物群が扁平な形をしていたことには、一定の意味がありそうだ。口をもたないエディアカラ紀の生物たちは、きっと体の表面から栄養を摂取していたのだろう。体が肉厚だったら、すみずみまで栄養がいきわたらない可能性があるが、体を薄く扁平にして、さらに巨大化すれば、広い範囲から栄養分を吸収して全身にいきわたらせることができると考えられるからだ。

現生動物には見られない左右非対称形、口も消化管もなく体が中空のキルト構造がつくられることなど、謎に包まれたディッキンソニアは、のちに発生するカンブリア紀の動物とはまるで異なったエディアカラ紀を象徴する生物といえるだろう。

ディッキンソニア　*Dickinsonia*

エディアカラ動物群を代表する生物。全体が救くマット状で全長は約1センチメートルから1メートル近いものまでさまざまだ。写真は、全長160ミリメートル、幅100ミリメートルほど。見てのとおり、中央部分で左右の筋状の構造が少しずれているのがわかる。また、口や消化管などは見当たらず、どのようにして栄養をとっていたかもわかっていない。

エディアカラ紀

カルニオディスクス

カルニオディスクスも、オーストラリアのほかロシアなどでも発見されているエディアカラ紀を代表する生物である。カナダのニューファンドランド、アヴァロン半島で発見されたランゲオモルフの一種と見られている。ランゲオモルフとは、一種類の生物の名前ではなく、まるで植物のような「葉状」構造をもつエディアカラ動物群の総称だ。

大きいものでは数十センチメートルになるカルニオディスクスは、植物の球根を変形させたような円盤状の部分から茎状の構造が伸びた形をしている。さらに、葉のように見える部分には、まさに葉脈のような構造が確認できる。円盤状の部分を海底に固定し、葉のように見える部分で水中の栄養分を吸収していたのだろう。また、葉状部分はディッキンソニアなどと同じく中空のキルト構造になっていて、内部には明瞭な構造がみられない。

現生するクラゲやサンゴの仲間であるウミエラと外見が似ていることから、ウミエラはエディアカラ動物の子孫と考えられたこともあるが、内部構造はまったく異なる。

トリブラキディウム

トリブラキディウムは、直径2~5センチメートルほどの饅頭のような形をした生物で、表面の中心からはらせん状に3本の溝が伸びている。これは、角度が120度ごとに同じ構造を繰り返す「3回対称」、もしくは「三放射相称(ほうしゃそうしょう)」と呼ばれる構造だ。こうした放射相称の構造は現生のヒトデなどに見られるが、ヒトデは72度ごとの「5回対称」であり、3回対称の構造をもつ現生生物は発見されていない。実際、トリブラキディウムとは「3本の腕をもつもの」という意味であり、その特異な構造から名付けられている。現生動物とのつながりのほか、どのように動いていたのかなど生態の詳細はわかっていない。

ところで、1986年にオーストラリア沖の深海からキノコのような形をした謎の生物が発見されている。2014年にようやくデンドログランマと名付けられたその生物は、体長2センチメートルほど。これが、トリブラキディウムなどエディアカラ動物群の子孫ではないかとする意見がある。今後の研究、分析のゆくえが気になるところだ。

葉状をしたカルニオディスクス（*Charniodiscus*）の群れの根元に扁平なトリブラキディウムやディッキンソニアが描かれている。エディアカラ紀の浅い海底のイメージ。

デンドログランマ *Dendrogramma*
1986年、オーストラリア沖の深海で見つかった、まるでキノコのような形をした謎の生物。キノコの柄に当たる部分の先端が口で消化管とつながっている。消化管は、キノコでいう傘の部分にあって細かく枝分かれしている。採取された標本の状態から、水中を漂っていたと考えられている。種の分類はなされていないが、エディアカラ紀の生物の子孫ではないかと指摘する研究者もいる。

トリブラキディウム
Tribrachidium
3本の腕のような溝がらせん状に伸びている円形状の生物。この「3回対称」は、現生動物には見られない特徴だ。直径は2～5センチメートルほど。

ナマ動物群のプテリディニウム

エディアカラ紀の生物が発見される場所として、アフリカ南部に位置するナミビアも忘れることはできない。この地から発見された化石は「ナマ動物群」と呼ばれ、エディアカラ動物群のなかでも独特な生物を見ることができる。地質年代はエディアカラ紀の末期からカンブリア紀の初期にあたる。その時代の浅い海で暮らしていた生物たちである。

その代表がプテリディニウムだ。見た目は、笹かまぼこのように両端が細い扁平型で、全長30センチメートルを超える大きな個体も見つかっている。体表面の中央に縦に溝が走り、その溝を中心として左右に筋状の構造が見られる。この筋は、ディッキンソニアなどと同様に中央で合一していない。また、完全体の化石が多産することから、プテリディニウムの体が比較的硬く丈夫だったことをうかがわせる。

プテリディニウムには、体の大部分を海底に埋めて暮らしていた巨大な原生動物だとする説もあるが、生態や現生の生物との関係は未解明で、まさに謎の生物なのである。

エディアカラ紀

世界各地のエディアカラ動物群

エディアカラ動物群の化石が多産する場所として、ロシアも挙げられる。なかでもモスクワから930キロほど北にある白海は、多種多様なエディアカラ動物群化石が見つかっている。キンベレッラはその代表で、オーストリアでも発見されているが、白海で見つかる数は非常に多い。キンベレッラはエディアカラ動物群の例に漏れず軟らかな体で、爪のある吻のような構造を伸ばして有機物を集めて食べていたと考えられている。白海に近いウクライナのグリーンバレーもエディアカラ動物群の化石の宝庫だ。たとえば、大きいもので直径が数センチメートルの円盤状をした、ネミアナと名付けられた動物の化石が数多く発見されている。また、この地ではディッキンソニア（32ページ）も見つかっている。

ほかにはカナダ、アメリカ、アルゼンチンなどでもたくさんのエディアカラ紀の生物化石が発見されている。現在、地球上の大陸では、南極大陸からだけ発見されていないが、厚い氷の下を探すことができれば見つかる可能性もあるといわれている。

キンベレッラ *Kimberella*
ロシアのエディアカラ動物群の代表的な生物。最大で体長は15センチメートルほど、幅は5～7センチメートル、高さは3～4センチメートル。化石の近くに引っかき傷が見られることが多いため、キンベレッラは軟体性の腕を伸ばし、その先端についていた爪で、海底の有機物を集めていたと考えられている。復元図は30～31ページを参照。

プテリディニウム
Pteridinium
アフリカ南部ナミビアのエディアカラ紀動物群である「ナマ動物群」を代表する生物。ディッキンソニア（32ページ）と同じような節構造をもっているが、くわしい生態や分類は謎のままである。
©Science Source/アフロ

ネミアナ *Nemiana*
ウクライナ南西部のカームヤネツィ＝ポジーリシクィイで産したネミアナの化石。円形状のひとつひとつが1個体で、大きなもので直径は数センチメートルほど。キノコ状の生物で、傘に当たる部分が円形の化石になったと考えられている（写真：岩見哲夫）。

エディアカラ動物群は陸生だった？

エディアカラ動物群は、海中で生息していた水生生物という考えがこれまでの定説だ。ところが2012年12月、「エディアカラ動物群は陸生だった可能性がある」とする論文が科学誌『ネイチャー』に掲載された。

アメリカ、オレゴン大学の地質学チームの分析によれば、オーストラリアのエディアカラ動物群が暮らしていたのは、年平均気温8℃、年間降水量は160ミリという寒冷で乾燥した環境だったという。しかし、無脊椎動物のディッキンソニアやネミアナは、水中でなければ生きていけない。そこで研究チームは、これらの生物は「動物」ではなく、菌類と藻類がいっしょになった共生体の「地衣類」か微生物の集落（コロニー）ではないかと推測したのだ。

研究チームは、本件を「エディアカラ動物群の産地すべてにいえることではない」と前置きしながらも、「カンブリア大爆発の2000万年前に、陸上には独立して多様な系統に進化した生物群がいた可能性」を指摘する。もしこの仮説が事実だとすれば、原始生物は上陸まで数十億年ものあいだ海中で生活していたとする定説が覆えることになる。結論は今後の研究成果を待つほかにない。

エディアカラ動物群の一種スプリッギナ。頭部、尾が分化した生物とされるが、これも陸生だったのだろうか。

第2章 カンブリア大爆発

約5億4100万～約4億8500万年前

約5億4100万年前

バージェス頁岩での大発見！

現在、地球上の動物はおよそ38の門（門とは分類学上の階級）に分類されている。そして、そのほとんどが約5億4100万年前には出現していたと考えられている。地質年代でいうカンブリア紀で、この時期、動物たちは爆発的に進化、多様化した。この現象は「カンブリア大爆発」と呼ばれている。

カンブリア紀の動物の発見で欠かすことのできないのが、カナダ・ブリティッシュコロンビア州にあるバージェス頁岩（けつがん）だ。ここから見つかった数々のカンブリア紀の動物化石は、長らく本来の姿に復元することもできない、不思議な生き物たちばかりだった。バージェス・モンスターとも呼ばれるこれらカンブリア紀の動物たちの本来の姿形がようやく見えてきたのは、1970年代になってからである。

生命は、長い年月を経て進化を遂げるという「進化論」を唱えたダーウィン（70ページ）をも悩ませたカンブリア大爆発。その発見の大舞台となったバージェス頁岩発見の物

マルレッラ *Marrella*

1909年、ウォルコットの妻ヘレナが乗る馬がつまずき発見されたとされる節足動物、マルレッラ（マルレラ）。バージェス頁岩を代表する生物のひとつ。全長は2センチメートルほど。胴にはたくさんの体節があり、そのひとつひとつから脚が伸びている。また、外側に伸びる「角」の部分には、タマムシやモルフォチョウなどで知られる「構造色」を起こす構造が確認されている。構造色とは、光の散乱、屈折、干渉や回析といった現象と規則的な微細構造で生じるもので、見る角度で美しく変化する色である。

語は、19世紀までさかのぼらなければならない。

当時、カナダ政府は太平洋沿岸を結ぶ鉄道敷設の一大事業を進めていた。1886年、その通り道であるブリティッシュコロンビア州フィールド山周辺の地質調査の際、南にあるスティーブン山で全長10センチメートルほどの三葉虫の化石が発見された。その三葉虫オギゴプシスにちなみ、発見場所の地層はオギゴプシス頁岩と名付けられた。これが、のちのバージェス頁岩発見のきっかけとなった。

1909年、アメリカの古生物学者チャールズ・ドゥーリトル・ウォルコットは、三葉虫の化石を採集するため家族でスティーブン山を訪れていた。その帰り道、妻が乗った馬が石につまずいた。その石を調べたウォルコットは、不思議な生物の化石を発見する。頭部に前方から後方に湾曲する一対の長いトゲをもつ多脚の生物。三葉虫の権威だったウォルコットも見たことがない動物の化石だった。彼は、その化石に知人の名をとってマルレッラ（マルレラ）と命名した。その後、この場所からは数々のカンブリア紀の動物の化石が発見され、カンブリア紀の動物研究の聖地、バージェス頁岩と呼ばれることになる。

ウォルコットによるマルレラ発見の物語は、あくまでも伝説で、発見譚としてつくられたものという意見が多い。しかし、ウォルコットがマルレッラを発見したことをきっかけとして、バージェス頁岩でカンブリア紀の動物が続々と見つかったことは事実である。

ウォルコットによって100種以上の化石が発見されたバージェス頁岩だったが、彼の死後、化石コレクションをめぐる遺族間の揉めごとなどにより研究は停滞。バージェス頁岩の大発見は人々の記憶から遠ざかってしまう。

時は流れ1920年から1930年代、バージェス頁岩に注目していたハーバード大学博物館の三葉虫研究者パーシー・レイモンドが、3回にわたりバージェス頁岩の発掘を行った。そして彼は、1000種以上の新たな化石を発見したのである。

1960年代になると、ハーバード大学の地質学者ハリー・ウィッティントンがバージェス頁岩のさらなる綿密な調査に乗り出した。ウィッティントンは、歯科医が使うドリルで薄皮を剥ぐように化石を掘り出したといわれる。彼はのちにケンブリッジ大学の教授となり、この調査・研究は「ケンブリッジ・プロジェクト」と呼ばれるようになる。

ケンブリッジ・プロジェクトのミクロン単位で化石を取り出していく緻密な作業によって、バージェス頁岩から発見された不思議な動物たちの、より正確で3次元的な姿が明らかになってきた。そして、カンブリア紀に爆発的に動物たちが増えたこと、すなわちカンブリア大爆発が起きたことがわかってきたのである。

発見当初は「クラゲの化石」と考えられた、アノマロカリス・カナデンシスの口器の化石。口はたくさんのプレートで構成され、円の中心に向かって鋭い歯が見える。

バージェス頁岩で発見された、アノマロカリス・カナデンシスの全身化石。右が頭部。ロイヤル・オンタリオ博物館（トロント）の所蔵。

アノマロカリス・カナデンシス *Anomalocaris canadensis*
体長は最大で1メートル超とバージェス頁岩動物群で群を抜く巨体の節足動物。カンブリア紀の生態系で頂点に立っていたと考えられる。頭部から突き出た大きなふたつの眼、トゲがついた触手などが目を引く。脚はこれまでに発見されていない。なお、カナダのほか中国でも近縁種の化石が見つかっている。

アノマロカリス・カナデンシスの触手部分の化石。いくつもの節からなる構造で、獲物を捕らえるための「トゲ」がいくつも並んでいる。

カンブリア紀

バージェスモンスター、アノマロカリス

殻、脚、眼などをもつ多種多様な動物が現れたカンブリア紀にあって、その大きさで群を抜き、生態系の頂点にあったとされる動物がアノマロカリスである。

1892年、バージェス頁岩で最初に見つかったアノマロカリスの化石は、口先の触手部分だけだった。これを見たカナダ地質調査所のヨセフ・ファイティーブスは、エビの仲間の胴体と考え、ラテン語で「奇妙なエビ」を意味するアノマロカリスと名付けた。

触手のあとに発見されたアノマロカリスの化石は口の部分で、これはクラゲのような動物の化石と考えられた。次いで、胴体部分も見つかったが、こちらはナマコのような動物の化石と見なされた。つまり、それぞれが別の動物の化石と考えられていたのである。

これらがひとつの動物のパーツだとわかり、姿が復元されたのは1970年代になってからのことだった。復元されたのは巨大な捕食動物であった。平らなナマコのような胴体に、突き出た眼をもつ頭、その頭からは太い触手が一対伸びており、触手に生えたトゲで獲物を捕らえていたと考えられる。また、胴体にある11対のヒレで海中を泳いでいたようだ。その大きさは、数センチメートルから大きいものでは1メートルにもおよんだ。

ここで注目すべきは、カンブリア紀になって突如として現れた眼だ。1998年、大英自然史博物館（ロンドン）のアンドリュー・パーカーは、カンブリア大爆発の要因を眼の出現だとする「光スイッチ説」を提唱している。簡単にいうと次のようになる。

カンブリア紀に突然、眼をもった動物が出現した。視覚の発達により、動物たちは色をまとうようになる。実際、カンブリア紀の動物には、表面の微細構造と光の現象によってさまざまに輝く構造色をもつ者がいた。同時に眼の獲得は、捕食者にしてみれば獲物に対してより優位になるし、襲われる側としても眼があれば天敵から早く逃げることができるようになる。こうしてカンブリア紀の動物は、食う、食われるの関係のなかで脚やヒレなどを発達させていった。その結果、多様な動物が生まれたというシナリオである。

ただし、アノマロカリスについては、その口で獲物の硬い殻などを噛み砕けたのかなど不明な点も多い。アノマロカリスは、中国澄江山から発見された尾部から長い一対の尻尾が生えているアノマロカリス・サロンや、アムプレクトベルア・ステフェネンシスなど、現在までに少なくとも8種が確認されている（54〜55ページ参照）。

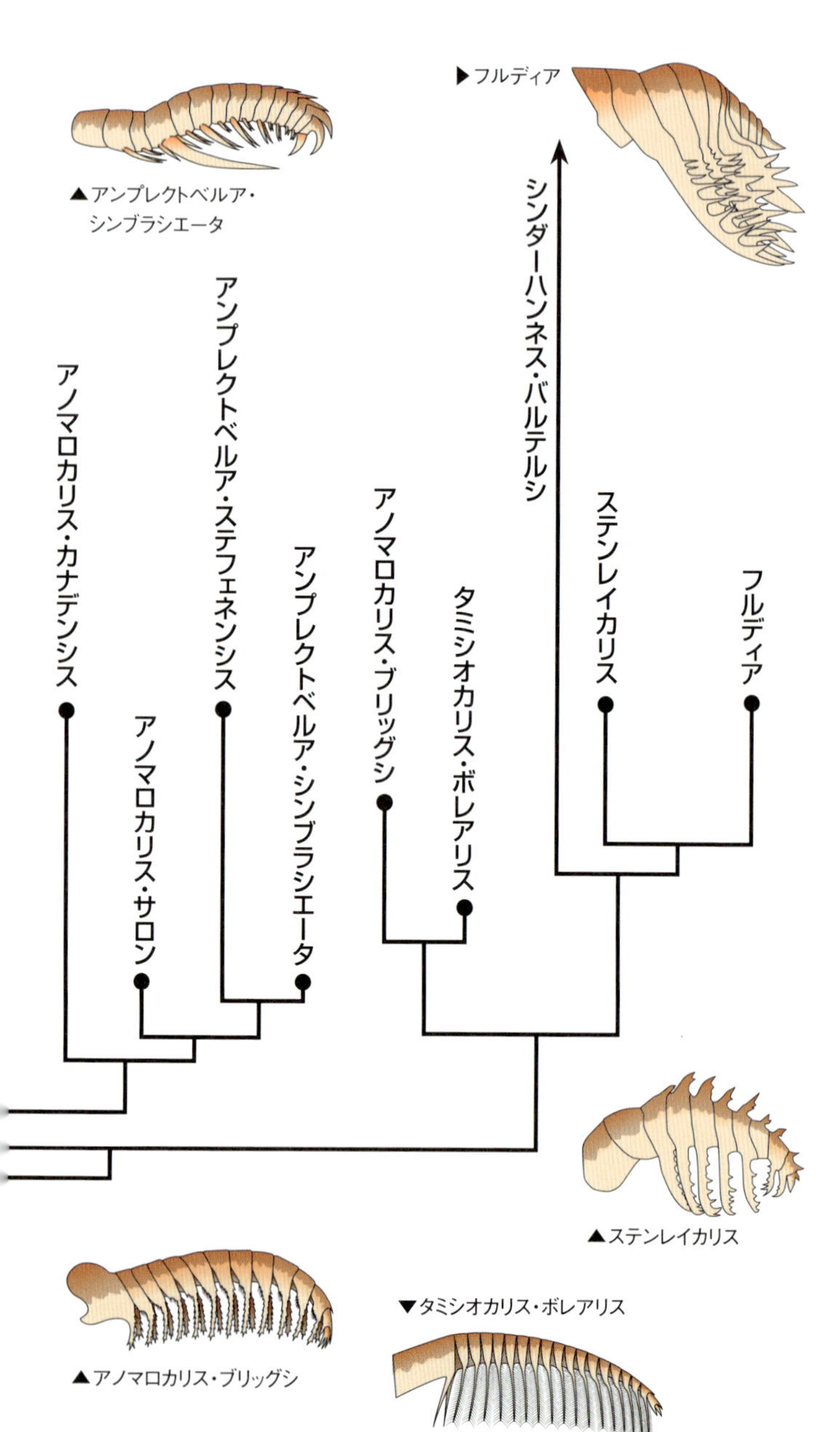
▶フルディア
▲アンプレクトベルア・
シンブラシエータ
シンダーハンネス・バルテルシ
アンプレクトベルア・ステフェネンシス
アノマロカリス・カナデンシス
アンプレクトベルア・シンブラシエータ
アノマロカリス・ブリッグシ
タミシオカリス・ボレアリス
ステンレイカリス
フルディア
アノマロカリス・サロン
▲ステンレイカリス
▲アノマロカリス・ブリッグシ
▼タミシオカリス・ボレアリス

■おもなアノマロカリスの系統図

当欄は、J.Vinther,M.Stein,N.R.Longrich & D.Harper,2014. A suspension-feeding anomalocarid from the Early Cambrian,Nature507,13010 をもとに作成しています。また図は、代表的な種類の触手。

（イラスト：ひらのんさ）

紀	世	年代（百万年前）
オルドビス紀	古世	470〜485
カンブリア紀	フーロン世	485〜497
	第3世	497〜511
	第2世	511〜531
	テレヌーブ世	531〜540

470
480
490
500
510
520
530
540

真節足動物類
アノマロカリス・ペンシルベニア
オパビニア
パラノマロカリス
パンブデルリオン
ケリグマケラ

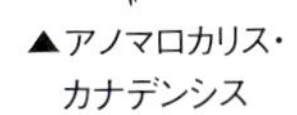
▲アノマロカリス・カナデンシス

▲アノマロカリス・サロン

▲アンプレクトベルア・ステフェネンシス

カンブリア紀

巨大な兜を頭部にまとうフルディア

頭部を硬い甲皮で覆われたフルディアは、バージェス頁岩のほか、アメリカのユタ州やチェコのボヘミア地方、さらに中国でも化石が発見されている。

アノマロカリスの仲間とされるフルディアは、実際、体全体の形はアノマロカリスと似てはいるが、兜のような甲皮が最大の特徴といえるだろう。1912年、フルディアについて最初に言及したのは、バージェス頁岩を発見したウォルコットだった。当時はパーツごとに別の動物の一部分として考えられていたところも、アノマロカリスと似ている。

2007年、スウェーデンのウプサラ大学のアリソン・C・ダレイらが、現在復元されたフルディアの姿を明らかにした。体長は最大で約50センチメートル。甲皮に覆われた頭部は、体の約半分を占め、腹面にはアノマロカリスに似た触手と口がある。体の後ろ半分は体節のある胴体で、そこにはエラが発達しており、海中を遊泳して獲物を捕らえていていたようだ。硬い頭部で海底を掘り起こしてエサとなる生物を探していたという説もある。

カンブリア紀

5つ眼のモンスター、オパビニア

5つ眼のモンスターとして知られるオパビニアは、1975年、ウィッティントンによってその復元図が披露された。頭部の前列に2個、後列に3個の眼をもつオパビニアは、バージェス頁岩から見つかった生物のなかでも、非常に特徴的な外見をした動物だ。

後列真ん中の眼は頭部に直接ついているが、残りの4つの眼はそれぞれ頭部から伸びた柄の先端についている。さらに、頭部先端からノズルのような器官が伸びているのもオパビニアの特徴のひとつだ。この器官の先端部分には切れ込みがあり、トゲが生えたような構造になっている。オパビニアの口は、アノマロカリスと同じように頭部の腹側にある。したがって、ノズルのような器官は口ではなく、わたしたちがよく知るゾウの鼻のように、この部分でエサをつかんで口に運んで食べていた、という説が今のところ有力だ。

胴体部分はアノマロカリスとよく似ているが、こちらは小さな脚もあったようだ。このことから、オパビニアはアノマロカリスが進化した動物ではないかとする説もある。

バージェス頁岩で見つかったオパビニアの化石。左側の頭部には、突き出た複数の眼、ゾウの鼻を連想させる大きなノズルが確認できる。ノズル先端がトゲ状の構造になっているのもわかる。スミソニアン博物館所蔵。

フルディア　*Hurdia*
アノマロカリス類の一種。体長の半分もあろうかという巨大な頭部を、兜のような甲皮が覆っている。写真はその頭部化石。

オパビニア　*Opabinia*
カンブリア紀中期に生息した、5つの眼と頭部についたノズルが特徴的なバージェス動物群の一種。頭部の腹側に口があることなどからアノマロカリスとの類似性が指摘されているが、現生種との類縁関係は不明。

カンブリア紀

魚類へとつながる脊索動物ピカイア

ピカイアは、バージェス頁岩から見つかったほかの生物とはまったく異なる特徴をもつ。ピカイアは唯一、体の軸として脊索という脊椎の前段階の構造をもっているのだ。

人類、ひいては哺乳類の祖先をたどると、約4億年前に海から上陸した両生類にいき着く。さらにそれ以前は魚類となるが、ピカイアは、それら魚類につながる生物ではないかと考えられている。魚類、両生類、爬虫類、鳥類、哺乳類は脊椎をもつ。その発生過程を見ると、まず脊索が生まれ、それがやがて脊椎になる。脊索は、脊椎の原始的な状態といえるのだ。脊椎のように硬くないが、しなやかで、しっかりと体を支える能力がある。

脊椎動物をどこまでたどれるかという議論があったが、カンブリア紀の地層から体長4～6センチメートルほどのピカイアの化石が発見されたことで、カンブリア紀を生き延び、現生生物につながる動物がいたことがほぼ確実となった。日本の沿岸、砂泥に生息するナメクジウオは見た目がピカイアに非常に良く似ており、その近縁性をうかがわせる。

カンブリア紀

形も謎めく腐肉食者ハルキゲニア

「ハルキゲニア＝幻惑するもの」という名のとおり、この動物は長らく研究者を大いに混乱させてきた。ハルキゲニアの化石が発見されたのは、1977年のこと。体長はおよそ1〜3センチメートル、細長い胴体に、「より細く尖った複数の脚」をもっていた。さらに、「胴体上部からは多数の触手のようなものが伸び」て「頭部は丸く膨らんで」いた。

その後、本来の姿は上下逆転していたことが判明。複数の触手に見えたのが脚で、尖った脚に見えたのが背に生えた長いトゲだったのである。ここにきて、ハルキゲニアはようやく本来の姿を現すことになる。触手と見られていた脚の先には爪のような構造があることも確認され、腐肉をエサにしていたのではないかと考えられている。ところが最近、尾部と思われていた部分から眼と歯が発見されたという。どうやら、丸い頭部と見られていたのは死後に肛門から出た内容物で、じつは前後も逆だったのだ。現在では、ハルキゲニアは陸生の種しか現生しないカギムシの仲間と判明したが、まだまだ謎多き生物である。

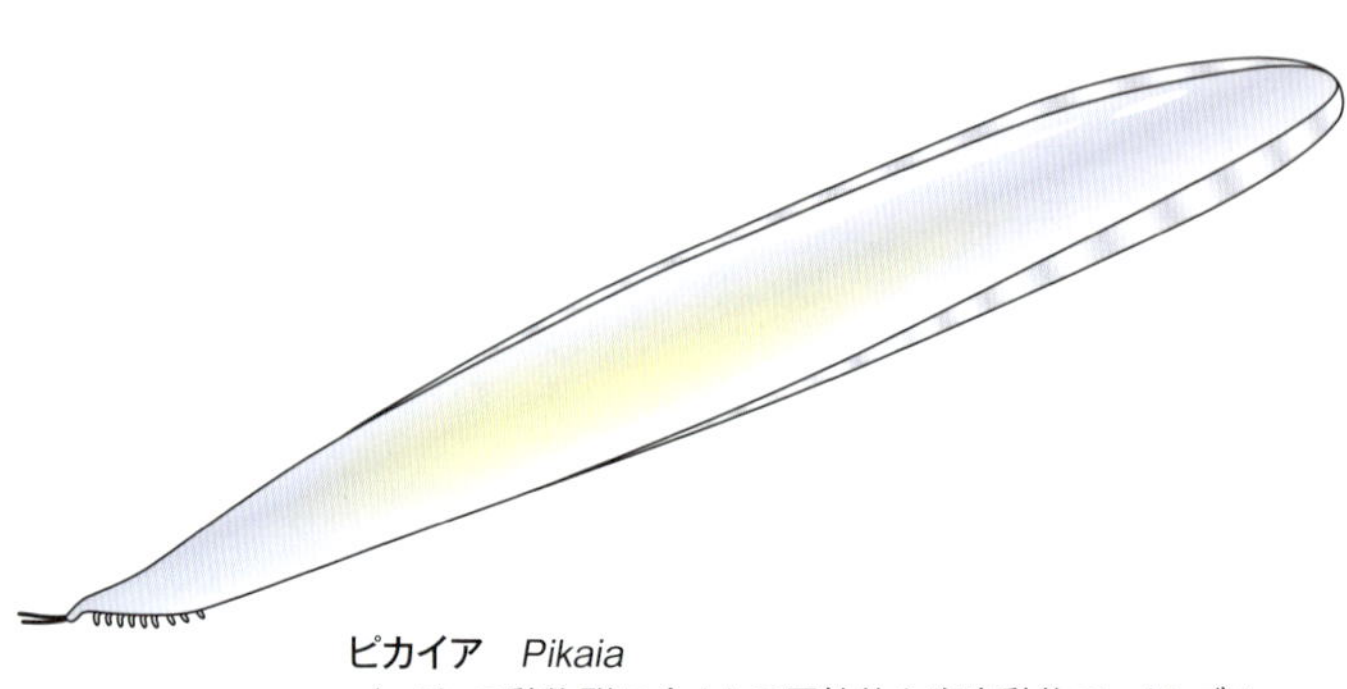

ピカイア　*Pikaia*
バージェス動物群に含まれる原始的な脊索動物で、カンブリア紀中期、海に生息していた。ピカイアの名は、発見地であるカナダ・ブリティッシュコロンビア州のピカ山に由来する。体長は約4センチメートル、頭部（イラストの左側）には一対の触角があり、背側に沿うように脊索が発達し、体の後部は平たい尾ビレ状になっている。眼と思われる構造は見つかっておらず、体をくねらせて泳いでいたと考えられている。
イラスト:ひらのんさ

現生する脊索動物であるナメクジウオの一種。バージェス動物群のピカイアは、形態的にこのナメクジウオに似ている（写真:岩見哲夫）。

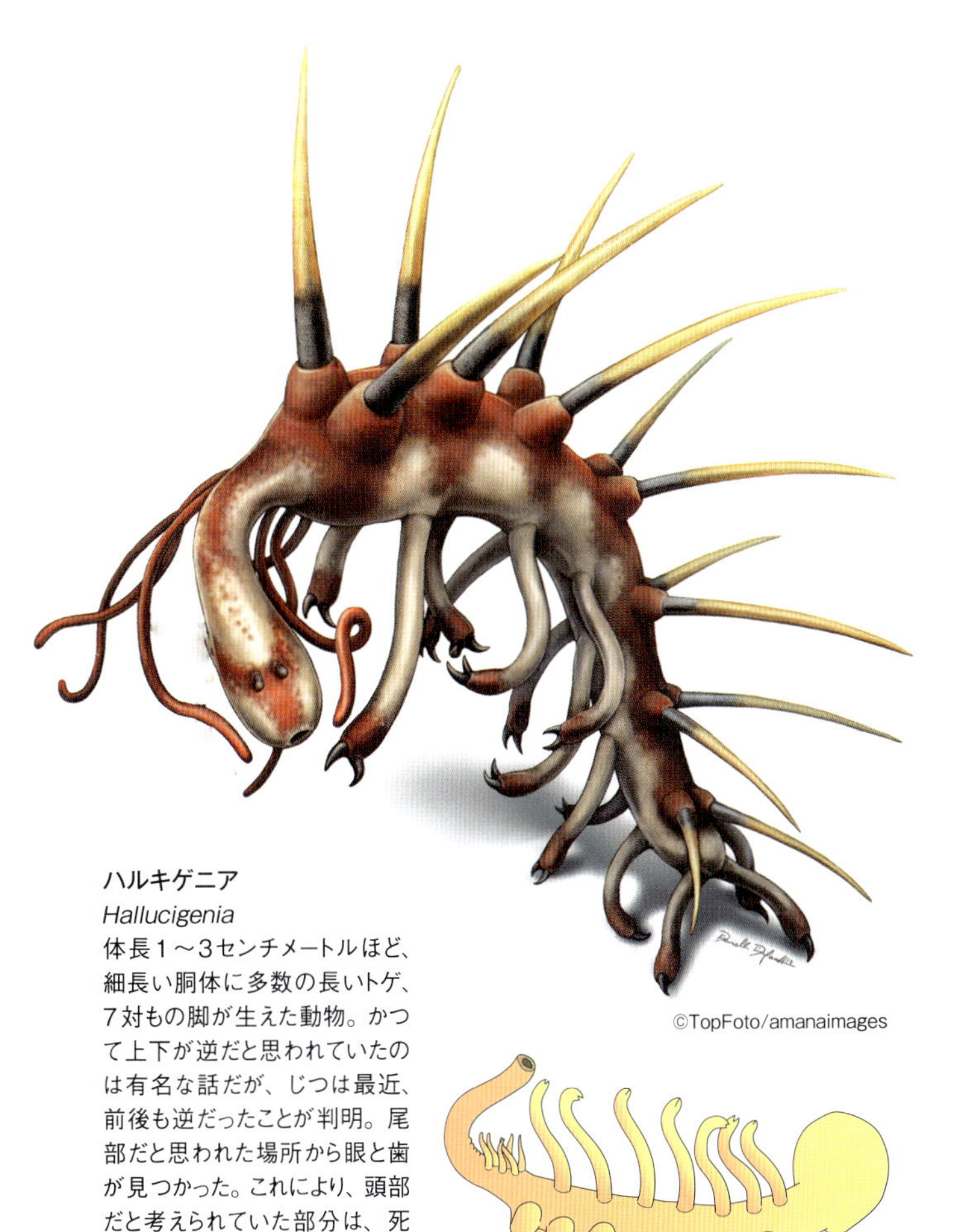

ハルキゲニア

Hallucigenia

体長１～3センチメートルほど、細長い胴体に多数の長いトゲ、7対もの脚が生えた動物。かつて上下が逆だと思われていたのは有名な話だが、じつは最近、前後も逆だったことが判明。尾部だと思われた場所から眼と歯が見つかった。これにより、頭部だと考えられていた部分は、死後に肛門から出てきた内臓の内容物などではないかと考えられるようになった。上が最新の復元図、右はスティーブン・ジェイ・グールドの名著『ワンダフル・ライフ』掲載の復元図を元に作成した、上下も前後も逆の旧復元図。

イラスト:ひらのんさ

カンブリア紀

中国のチェンジャン動物群

バージェスと並び、カンブリア紀の動物化石が数多く発見されているのが、中国雲南省の澄江(チェンジャン)だ。この地から見つかった生物は、澄江動物群と呼ばれている。

1909年、チャールズ・ドゥーリトル・ウォルコットがバージェス頁岩を発見するが、その2年前、ウォルコットがカナダのスティーブン山を訪れたのと同じ年に、フランスの地質学者オノレ・ラテノワらの調査隊が澄江で三葉虫の化石を発見している。その後、日中戦争(1937~1945年)の時代も中国人らの研究者たちによって調査は続けられ、甲殻類とされる化石が見つかっている。カンブリア紀の地層の存在も報告されたが、本格的な調査が始まったのは、ごく最近ともいうべき1980年代に入ってからである。

1984年、中国科学院南京地質古生物研究所の侯先光(ホウシェングァン)が、楕円の胴体に半円の頭をもつ動物の化石を発見した。それは、バージェス動物群でも見つかる節足動物の仲間、ナラオイアと同じグループと確認された。その後、澄江からはバージェス同様に数々のカンブリア紀の生物が見つかっている。

アノマロカリスの仲間であるパラペイトイアは、アノマロカリス・カナデンシスと非常によく似ているが、触手の節の数がカナデンシスと比べると少なく、触手の先から伸びるトゲの数も少ないのが特徴だ。また、ほかのアノマロカリス類では不鮮明な付属脚もしっかりと確認できる。その他、アノマロカリスの仲間に関しては、バージェスよりも多様な種類が見つかっている。

また、バージェス動物群でもっとも奇抜な姿をした動物として知られるハルキゲニアも、1995年になって澄江で見つかった。ハルキゲニア・フォルティスと名づけられた澄江のハルキゲニアは、バージェスのハルキゲニア・スパルサといくつかの点で違っている。細長い胴体から複数の脚が伸びている点は同じだが、フォルティスの背に生えたトゲはスパルサに比べとても短い。さらに、胴の片方の先端の膨らみ部分には、フォルティスの場合はまるで眼のような半円の構造が見られる。ここは甲皮だとする説もある。

また、基本的な体制はハルキゲニアと似ているミクロディクティオン・シニクムは、細い胴体に10対の脚が生えており、胴体先端の丸い膨らみがない。その代わり、9対ある脚の付け根部分に、それぞれ甲皮らしき構造がある不思議な動物である。

ハルキゲニア
Hallucigenia
中国のチェンジャン動物群に属するハルキゲニア（ハルキゲニア・フォルティス）の化石。背中にあるトゲは、バージェスのハルキゲニアほど長くない。体長はおよそ2〜3センチメートル。
©Science Photo Library/アフロ

ミロクンミンギア
Myllokunmingia
脊索動物に分類される。中国の澄江で発見された動物のなかでも注目度の高い種類で、最古の魚類ではないかと考えられている。体長は2〜3センチメートルほど。脊椎骨らしき構造は認められるものの、アゴはまだ発達していない。なお、同じくチェンジャンで見つかっている、ハイコウイクティス（*Hykouichthys*）と同種ではないかとする意見もある。
イラスト:ひらのんさ

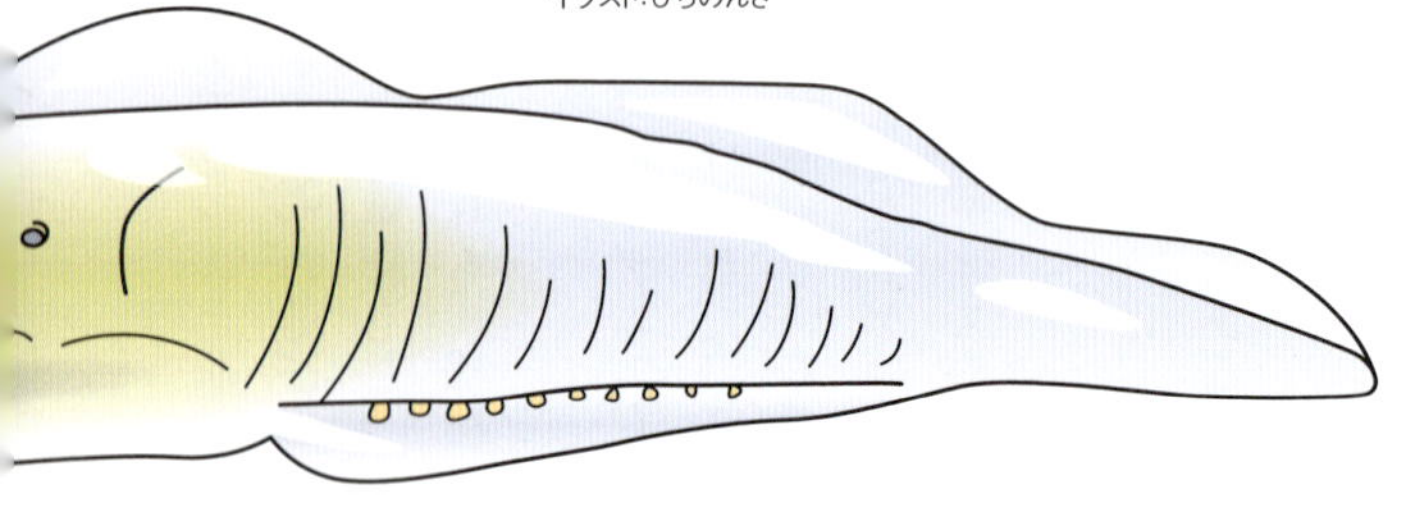

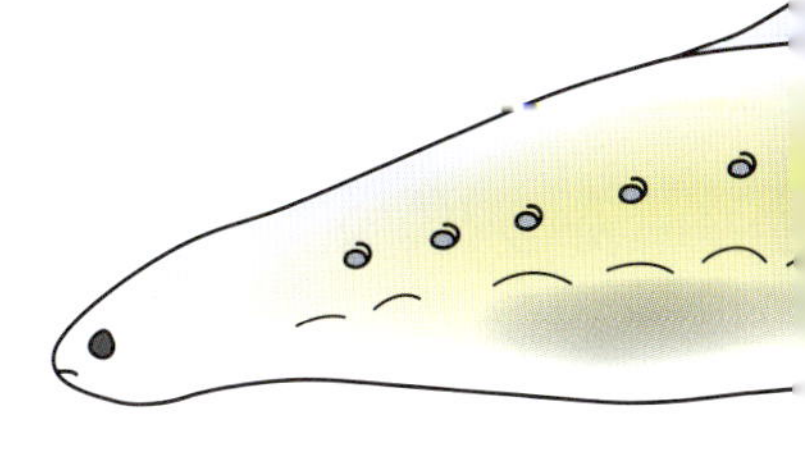

カンブリア紀

最古の魚類ミロクンミンギア

バージェス頁岩では魚類につながると考えられる脊索動物ピカイアが見つかっているが、澄江では脊椎らしき構造をもつ、まさに魚類の祖先といえる生物が発見された。

すでに述べたとおり、眼の出現は、多様な生命が生まれ進化したカンブリア大爆発の引き金になったと考えられている。いっぽう、節足動物のように外骨格によって体を形づくる戦略ではなく、脊索・脊椎という内骨格の発達は、魚類、両生類からわたしたちヒトを含む哺乳類へと進化するにあたり、なくてはならない過程である。

1998年、中国、西北大学の研究者のもとに、澄江で発見された2～3センチメートルほどの小さな化石がもち込まれた。その化石には脊椎らしき構造が見てとれたという。さらなる綿密な調査の結果、その化石は世界最古の魚として発表され、ミロクンミンギアと名付けられた。同時に見つかったもう一種類も同様のサイズで、最古の魚類ミロクンミンギアに近い種類と見られ、こちらはハイコウイクティスと名付けられた。

なお、ハイコウイクティスは、わずか2メートルほどの範囲に100匹以上の化石がまとまって発見されたこともあることから、群れをなして海を泳いでいた可能性が高い。

ミロクンミンギアとハイコウイクティスの体をよく見ると、胴体には短い筋肉の節が並んでいることがわかった。頭部は軟骨でできており、眼もあればエラのような構造もある。さらに、消化管や生殖巣まで確認できる化石もあったというから、この2種はもっとも初期の魚類の姿を克明にわたしたちに示してくれたのだ。他方で、これら「魚の祖先」には、現在の海や川で暮らすおもな魚たちとは違ってアゴがなかった。広い意味では無顎類に分類されるが、現生の無顎類であるヤツメウナギやヌタウナギなどとミロクンミンギアやハイコウイクティスが、どのようなつながりをもっているかはよくわかっていない。

ミロクンミンギアやハイコウイクティスは、アゴをもたなかったため獲物を砕いて食べることはできなかったはずだが、構造的には、原索動物のナメクジウオと似ているので、底泥中の有機物などを吸い込んでいたと考えられる。さらに、結論は出ていないが、ミロクンミンギアとハイコウイクティスは、そもそも同じ種類ではないかという意見もある。

いずれにせよ、ミロクンミンギアは、カンブリア紀の次のオルドビス紀になって魚類が登場したというそれまでの説を覆す、重要な生物であることは間違いない。

ダーウィンが唱えた進化論

1859年、イギリスの生物学者チャールズ・ダーウィンは著書『種の起源』を発表し、「進化論」を提唱した。

当時のヨーロッパでは、多くの人々はこの世界は神がつくり、さまざまな生物は個別につくられ変化しないと考えていた。しかしダーウィンは、イギリスの軍艦「ビーグル号」に乗船する機会を得たことで、定説とは異なる新しい考えにいき着く。

航海は5年間におよび、南アメリカやガラパゴス諸島など南半球諸国を歴訪。彼は、それまで見たこともない動物や植物、化石など数々の資料を採集する。その研究の成果としてダーウィンは「すべての生命は共通の祖先をもち長い時間をかけて複雑なものへと進化してきた」「とりまく環境によってさまざまに分化してきた」といった進化論に到達。いわゆる「自然選択説」を樹立したのである。

そのダーウィンが説明できなかったのが進化史上の大事件「カンブリア大爆発」であった。ダーウィンの考えによれば、カンブリア紀以前の地層からは、生物の祖先である単純な生物の化石が見つかるはずだった。ところが当時はまだそれが見つからず、突然に多種多様な生物が出現したことは、大きな謎だったのだ。

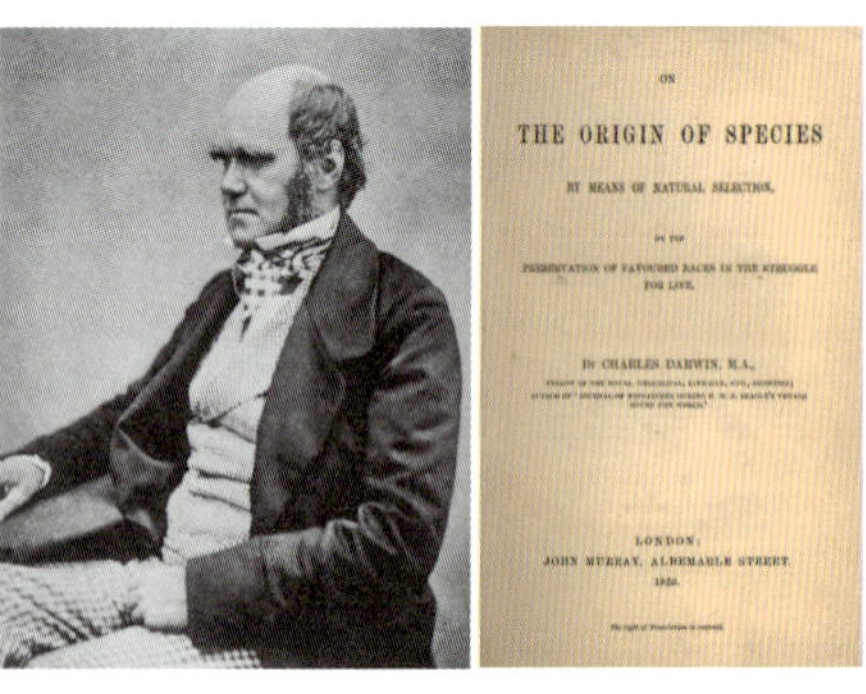
ON

THE ORIGIN OF SPECIES

BY MEANS OF NATURAL SELECTION,

BY CHARLES DARWIN, M.A.,

LONDON:
JOHN MURRAY, ALBEMARLE STREET.

45歳頃のチャールズ・ダーウィンと1859年に発売された著書『種の起源』の初版本。

第3章

約4億8500万～約4億1900万年前

オルドビス紀とシルル紀の生物

約4億8500万年前

オルドビス紀の生物大放散事変

現在見られる動物の「門」のすべてが出そろったカンブリア紀。続くオルドビス紀は、多くの生物がさまざまな環境に適応し、急速に多様化を進めた時代だ。これは、「オルドビス紀の生物大放散事変（GOBE）」と呼ばれている。なお、オルドビス紀は、その大部分において地球温暖化が進んだ時期であり、海水準（陸地に対する海面の高さ）は現在より約100メートルも高く、大陸は広範囲にわたって海水面下に沈んでいた。

サンゴ礁のように、沿岸の浅い海に生物の骨格や殻が積み重なってできる地形を「礁」という。先カンブリア紀からカンブリア紀までの礁は、おもにストロマトライトなどの微生物が堆積してできたものだった。それがオルドビス紀になると、コケムシ、ウミユリ、海綿、床板サンゴなどの生物が積み重なる、より立体的な礁が形成されていった。現在でも礁は、地球上でもっとも生物が多様な場所のひとつだが、オルドビス紀においても、海に形成された礁はさまざまな生物に生息場所を与え、生物の多様化をうながしたと考えられている。そしてＧＯＢＥは、オルドビス紀のほぼ全期間である約４０００万年にわたって継続し、動物の分類階級でいう科と属の数が約４倍に増えたとされている。

いっぽうで、ＧＯＢＥが起こった原因はいくつか考えられているが、いまだに解明されていない。オルドビス紀は大きなひとつの超大陸があったわけではなく、大陸が分裂・離散した時期だったため、この地理的状況も生物の繁栄、多様化の一助になったであろう。ほかでは、オルドビス紀の食物連鎖も関与していそうだ。植物プランクトンが増えたことで、動物プランクトンが増加したため、それらを食べる動物が多様化したというシナリオである。さらには、地上に地衣類（菌類と藻類が共生した生物）が進出した結果、地衣類が生み出した窒素化合物が海中に流れ込むようになった。この窒素化合物は植物プランクトンの重要な栄養分であり、その結果、植物プランクトンが増え、それを食べる動物が多様化したとも考えられる。

なお、カンブリア紀を代表する生物のひとつであるアノマロカリス類は、カンブリア紀の終わりとともに絶滅したと考えられていたが、カンブリア紀以後の地層からも化石が見つかり、少なくともオルドビス紀前期までは生き延びていたことがわかっている。

ウミサソリ（右）や頭足類（中央付近）、無顎類、三葉虫など多種多様な生物が出現したオルドビス紀の海中イメージ。

アサプス（アサフス）・コワレウスキイ　*Asaphus kowalewskii*
オルドビス紀に大繁栄したアサプス属の三葉虫。カタツムリのような眼が印象的だ。フィールド自然史博物館（アメリカ・シカゴ）所蔵。

パラケラウルス　*Paraceraurus*
頭部と尾部から一対の鋭いトゲが伸びている三葉虫の仲間。三葉虫は、オルドビス紀、それまでの平面からより立体的な姿に形を変えていった。

約4億8500万年前

多様化したオルドビス紀の三葉虫

三葉虫はカンブリア紀に出現し、古生代最後のペルム紀まで約3億年にわたって生き延びた海の節足動物だ。全盛期はオルドビス紀からシルル紀で、デボン紀、石炭紀、ペルム紀を通して徐々に衰退していき、約2億5000万年前のペルム紀末に絶滅している。

三葉虫には体長2〜10センチメートルほどの個体が多く、一般に体は平たく多くの体節からなっている。そのいっぽうで、三葉虫は1万種以上にもおよぶ多様な生物群であり、種によって（時代によって）かなり異なる姿をしている。こうした多種多様な姿から、三葉虫は「化石の王様」とも呼ばれている。そのなかでオルドビス紀の三葉虫化石は、モロッコ、アメリカのユタ州やニューヨーク州、ポルトガル、ロシアのサンクトペテルブルグ周辺、スペインのアストゥリアス州……など世界各地に有名な産地がある。

カンブリア紀の三葉虫に「体が扁平である」という共通点があったのに対して、続くオルドビス紀では形状が大きく変化し、より立体的な構造をもつようになった。

これは、オルドビス紀になって礁が発達したことで、三葉虫の生息域が拡大し、さまざまな環境に適応するようになったためと考えられている。たとえば、カタツムリのように、細長い軸の先端に眼があるアサプス（アサフス）・コワレウスキイが含まれるアサプス属などは、オルドビス紀に大繁栄した三葉虫のグループである。

オルドビス紀の三葉虫には、機能面でも新しい特徴がいくつかある。そのひとつが「遊泳性」だ。数は多くないが、オルドビス紀には、流線型に近い体形をもった三葉虫がいた。この体形は、水の抵抗を減らすためと考えられており、だとすればこの三葉虫は、水中を泳いで生活する高い遊泳能力をもつ種類だったことになる。同時に、これらの三葉虫の眼は頭部の両側に帯状についており、前方から後方まで広い視野をもっていたことがわかっている。このような眼は、遊泳性という生態にとっては必然であったろう。

ほかに挙げるべき大きな特徴が「ろ過食性」である。モロッコから、頭部の縁が鍔のように広がったエオハルペスと名付けられた三葉虫が見つかっている。鍔の部分には細かな孔が多数あいており、体の後ろの部分からエラで水流を頭部に送り込み、この鍔の部分でプランクトンなどをろ過して食べていたのではないか、と考えられているのだ。

プラテュストロピア *Platystrophia*
オルドビス紀の浅い海で大繁栄した腕足動物。見た目はまさに二枚貝だが、殻は二枚貝のように左右ではなく背腹についている。

ミドリシャミセンガイ *Lingula anatina*
「貝」の名をもつが、腕足動物門という、貝類（＝軟体動物）とは異なるグループの動物。かつては「見た目」が太古からあまり変わらない「生きた化石」といわれたが、殻の形状が大きく変化していることから、あまり適当な呼び名とはいえないようだ（写真:岩見哲夫）。

オルトケラスの仲間
Orthoceratidae
オルドビス紀から三畳紀後期の海に生きた頭足類。直訳すると直角石。写真右はその化石で、中央には細い管（連室細管）が走り、これが隔壁で仕切られた各部屋をつないでいる。三葉虫や魚類などを捕食していた。上は復元イメージ（イラスト：ひらのんさ）。

約4億8500万年前

台頭してきた腕足類

腕足類（腕足動物）はカンブリア紀に出現した。見た目こそ二枚貝そっくりだが、貝類の軟体動物門ではなく腕足動物門という別のグループに分類される。二枚貝は、それぞれの殻が左右の殻となっているが、腕足類の場合、2枚の殻が左右ではなく背腹にある。つまり、体のつくりが根本的に異なるのだ。そして、腹側の殻に開いた穴から肉茎を伸ばし、海底に潜ったり岩に付着して生活している。

ラピネスクイナは、オルドビス紀の代表的な腕足類で、殻長は約3センチメートル。プラテュストロピアは長径が約2センチメートルで、背側がへこみ腹側が膨らんでいる。また、ラピネスクイナに比べると厚い殻をもっていた。これは腕足類の生息域が、水流が緩やかな海底から水流が強い浅い海へと変化してきたためだと考えられている。このように腕足類は、環境に適応しつつ台頭していったのである。何しろ腕足類の現生種は350種程度にとどまるが、化石として発見されている腕足類は5万種にのぼるといわれている。

約4億8500万年前

オルドビス紀の海を制した頭足類

オルドビス紀の海を支配していたのが頭足類である。

頭足類とは、現生するイカやタコの仲間であり、軟体動物のなかでもっとも特化した一群だ。オルドビス紀に繁栄していたのは「直角貝」と呼ばれる仲間。直角貝は現生オウムガイの直系の祖先で、まっすぐか、わずかに曲がった長円錐形の殻をもち、殻の内部はいくつもの小部屋に仕切られていた。小部屋のなかの液体と空気の量を調節することで、浮力をコントロールしていたと見られる。

直角貝の代表的なものはオルトケラスで、その多くは殻長10数センチメートルほどだが、なかには殻の長さが6~10メートルにも達するカメロケラスのような大きな種類も存在した。このカメロケラスは、オルドビス紀の海でもっとも大きな生物だった。

これらの頭足類は、オルドビス紀の海における食物連鎖の頂点に立ち、三葉虫やウミサソリ、原始的な魚類などを捕食していたと考えられている。

パラルケオクリヌス(ウミユリ類)
Pararchaeocrinus decoratus
棘皮動物であるウミユリの化石(オルドビス紀中期)。細長い茎の先端を、海底のコケムシなどの突出物に巻き付けていたと考えられている。逆円錐形をしているのがガクで、その上にある花びらのような部分は触手。これを動かしてエサを捕まえていた。

コノドントの化石
長きにわたって「持ち主」がわからなかった「歯」の化石。写真は、
イギリス・ラドローのオルドビス紀の地層から産出されたもの。

ストレプタステル・ウォルティケラタス
（座ヒトデ類） *Streptaster vorticellatus*
写真の化石は直径1センチメートルほど。中心から弧を描く5本の歩帯は、獲物を口（中心にある）へ運ぶための器官。絶滅種である。

日本近海でも見られる、現生するウムユリの一種、トリノアシ（ゴカクウミユリ目）。細長い茎があり、その先に腕がついたガクがある。茎の断面は五角形をしている。
写真提供:葛西臨海水族園

約4億8500万年前

生きている化石ウミユリの多様化

カンブリア紀に出現しオルドビス紀に多様化したウミユリは、植物のガクや茎のような構造をもっていて「植物」のように見えるが、実際はヒトデやウニ、ナマコなどと同じ棘皮動物（きょくひどうぶつ）の仲間だ。棘皮動物は、五放射相称を基本とした体をもつ生物で、ヒトデの腕は5本、ウニもトゲを抜いて上から見ると中心から5本の線が出ている。ウミユリについては、触手の根元が五角形をしている。ナマコも一見すると左右相称だが、管足（かんそく）の配置や内部構造は五放射相称になっている。なお、現生するウミユリであるトリノアシの生態を見てみると、花びらのように見える部分が触手で、水中では触手を上にして直立し、有機物やプランクトンなどを捕まえて、触手の付け根にある口へと運んで食べている。

オルドビス紀にウミユリとともに繁栄していたのが座ヒトデ類だ。座ヒトデ類は、細かな骨片でできた殻をもち、5本の歩帯（ほたい）（孔のある骨板の列）が放射状に伸びている。上面の中央に口、近くに肛門がある。

約4億8500万年前

謎の生物コノドントの正体

コノドントとはラテン語で「円錐状の歯」という意味で、歯の化石についた名前だ。カンブリア紀から中生代三畳紀にかけての化石で、ひとつひとつの大きさは0・2〜1ミリメートルほど。その形態から、角状、角状コノドントが櫛のように並ぶ複歯状、平たい骨片のようなプレート状と大きく3つに分けられる。世界各地で発見されてきたが、歯ばかりで体が見つからなかったため、正体についてはさまざまな議論がなされてきた。

そして1983年、イギリス・ゴールドスミス大学のデレク・E・ブリッグスらによって、スコットランドでこの「歯」をもつ生物化石が発見されたと報告される。それは体長4センチメートルの細長い体をもち、コノドントは口の奥まったところに並んでいた。

現在では、コノドントの持ち主はヤツメウナギのように細長い体をし、尾ビレがあり、頭部には大きな目をもつ無顎類の仲間だと考えられている。他方で、コノドントが本当に歯の化石なのか、あるいは内骨格なのか、いまだに議論は続いているようだ。

約4億1000万年前

シルル紀、陸上に増え始めた植物

約4億5000万年前（シルル紀）、地球の大気圏上層にオゾン層が形成され、これにより地球上生物には有害な紫外線をかなり防げるようになった。このオゾン層形成が、シルル紀に陸生植物が出現した要因のひとつといわれる。ところが近年、20億年ほど前にはオゾン層ができあがってきたとする説もあり、シルル紀における植物の上陸と紫外線の因果関係は解明まで至っていない。

最初期の陸生植物の化石は、オルドビス紀前期の地層から見つかっていて、ゼニゴケの仲間のものと思われる胞子や表皮である。ただし、この化石から全体像はうかがい知れない。現在、全体像がわかる最古の陸上植物の化石とされているのが、4億1000万年前、シルル紀中期のクックソニアの化石である。この頃から植物の本格的な上陸が始まったといわれている。

初期の陸生植物は、淡水性の緑藻類（りょくそうるい）から進化したと考えられており、植物は沼などの淡水域から上陸したと見られる。事実、シルル紀は造山活動などによって陸地に起伏ができたため雨が多く、浅い海にいた緑藻類はまず淡水域へと生育の場を広げたと考えられる。しかし、淡水域は降雨がなければ干上がってしまう。こうした不安定な環境に適応していくうちに、植物はその大部分を水中から出して生活できるよう進化したのであろう。

クックソニアも、現在のシャジクモ（車軸藻類）に似た仲間から分化したようだ。大きさは数センチメートルで根や葉をもたず、直径1・5ミリメートルほどの茎が枝分かれしていた。茎の先端には楕円形をした胞子のうがあり、胞子を空気中に放出したと考えられる。また表面には、水分が蒸発するのを防ぐためのクチクラ層が発達し、不完全ながら水や養分を運ぶ通道組織もあった。しかし、シダ植物とは違って明確な維管束をもたず、水辺から離れられなかったようだ。なお、水や栄養分の通り道である維管束を備えた最初期の陸生植物としては、デボン紀前期に現れたリニアが挙げられる。

クックソニア
Cooksonia
シルル紀中期に現れた、全体像が判明している最古の陸生植物。根や葉はなく、直径1.5ミリメートルほどの茎が枝分かれし、先端には楕円形の胞子のうがあった。

約4億4300万年前

シルル紀の海に君臨したウミサソリ

ウミサソリはオルドビス紀の海に出現し、シルル紀からペルム紀にかけて大繁栄、デボン紀に最盛期を迎えたが、ペルム紀末の大絶滅によって地球上から姿を消している。

ウミサソリという名は、サソリに似た姿をした海の節足動物であることからつけられたものだが、現生のクモ類やサソリ類の祖先だと考える研究者もいる。

ウミサソリは全長10センチメートルほどの小型種から、最盛期であるデボン紀には、最大で2メートルを超える大型種が現れるなど多様化が著しい。種類は300を超える。

ウミサソリの体は大きく分けて、頭胸部、前腹部、後腹部、尾部からなる。尾はカブトガニのような尾剣をもっているものと、ヒレ状の尾をもつものがいた。また、頭胸部は幅広く、腹側に6対の脚（付属肢）をもっている。

脚は種によってさまざまな長さと形をしているが、最前部の脚は大きなハサミ（鋏角（きょうかく）と呼ばれる）のようになっており、最後部の脚の先端がパドル（カヌーで使う櫂）のように幅広くなっているものがよく見られる。この最後部の脚は遊泳用に発達したと考えられ、原始的なウミサソリ（たとえばスティロヌルス）ではパドル状になっておらず、ほかの脚と同様、歩行用の形のままである。なお、パドルをもつ特徴からか、ウミサソリ類を「広翼類」と呼ぶこともある。

頭胸部の背側には、一対の単眼と一対の複眼があり、前腹部の腹側には、左右で対になったエラが並んでいる。エラは蓋で覆われていた。また、足跡化石も発見されており、そこには尻尾の跡がなかったことから、ウミサソリは現生のサソリのように、尻尾をもち上げて水底を歩いていたのではないかとも考えられている。

ウミサソリは、浅い海や川などさまざまな水環境に生息し、大きなハサミを使って三葉虫や甲殻類、軟体動物、動きが遅い魚などを捕らえて食べる、古生代を代表する捕食動物だった。

しかし、最近の研究では、素早く獲物を追うには視力があまりよくなく、ハサミも甲殻類などを切り刻んで食べるほど頑強なものではなかったため、ウミサソリはこれまで考えられていたような強力な捕食者ではなかった、という見方もある。

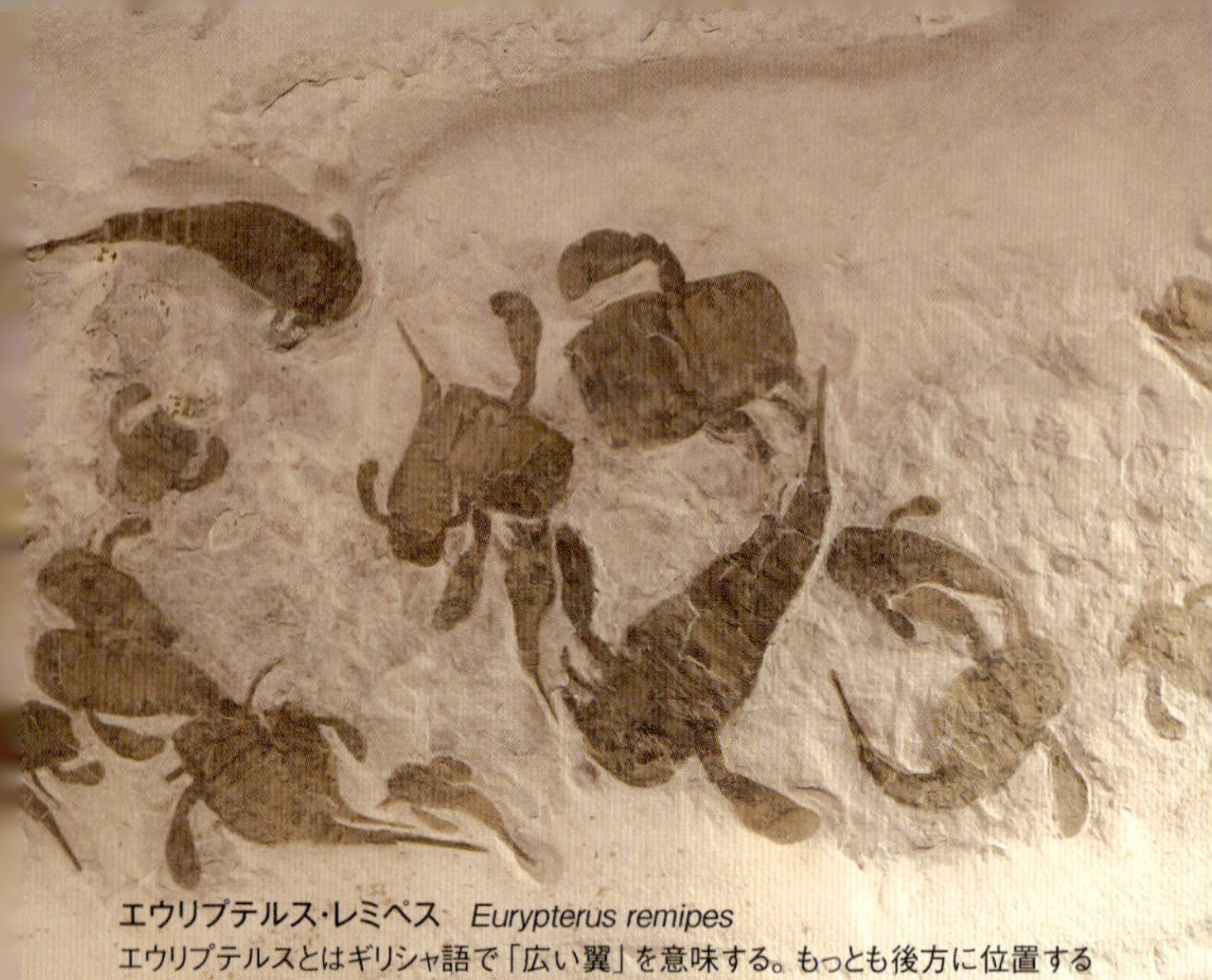

エウリプテルス・レミペス *Eurypterus remipes*
エウリプテルスとはギリシャ語で「広い翼」を意味する。もっとも後方に位置する脚（第6付属肢）はパドル状で、尾剣の先端はノコギリのようなギザギザ状をしている。写真はシルル紀の地層から、まとまって発見されたもの。
所蔵：神奈川県立 生命の星・地球博物館（撮影：村上裕也）

プテリゴトゥス *Pterygotus*
遊泳能力をもち、ウミサソリ類でもっとも進化的とされる一種。小型のものから体長2メートルを超える大型種まで確認されている。尾の先に「尾剣」をもたず「うちわ」のように広がっているのもプテリゴトゥスの特徴だ。

プテリゴトゥスは、発達した大きなハサミを使って獲物を捕らえていたようだ。また、頭胸部の縁には大きく発達した複眼が備わり、視野の広さを示唆している。

約4億2000万年前

シルル紀の無顎魚類トレマタスピス

最初に現れた脊椎動物である魚類の歴史は、カンブリア紀のミロクンミンギア（68ページ）にさかのぼる。また「鱗（うろこ）」をもった魚類は、オルドビス紀中期のアランダスピス・プリオノトレピスが最古級の化石として知られている。体長は15～20センチメートル。尾ビレ以外のヒレはなかったとされ、体表面には小さな鱗があった。また、現生のヤツメウナギのようにアゴをもたない無顎類であった。

シルル紀に入り魚類は多様化を見せる。シルル紀後期に繁栄したトレマタスピスは、体長約10センチメートル、無顎類の頭甲類というグループに属する。頭部は1枚の甲羅で覆われ、腹部と尾部にはやや大きい鱗があった。目と鼻は頭部の背側にあり、口は腹側にある。頭部が平たく胸ビレがないため、海底の泥を滑るように泳ぎ、微生物などを吸い込んで生活していたと考えられているが定かではない。また、胸ビレがないため泳ぐのは得意ではなく、体の後部だけをくねらせて水中を移動していたのではないかとされている。

4億1000万年前

アゴをもつ魚クリマティウス

無顎魚類の誕生から約1億年、シルル紀後期に起こった魚類の大革命が「アゴ」の獲得だ。アゴはもともと無顎類のエラを形づくっていた鰓弓（さいきゅう）と呼ばれる上下対の細い骨が変化したもの、という説が有力。無顎類は水底の泥のなかにすむ微生物などを、吸い込むようにして食べて生活していたが、アゴの獲得で魚類は初めて獲物を口で捕らえて食べることができるようになった。これにより魚類は、体を大きく成長させられるようになった。

クリマティウスは棘魚類（きょくぎょるい）で、体長は約15センチメートル。最大の特徴は、尾ビレ以外すべてのヒレの前縁にあるトゲで、これはヒレを支えると同時に、身を守るのにも役立てたようだ。また、目が大きく鼻が小さいことから、クリマティウスは視力がよく、水の表層を多数のヒレで活発に泳ぎ回り、小さな魚や甲殻類を捕食していたと見られている。

シルル紀にはまた、のちに大繁栄して約2万7000種もの現生種につながる初期の条鰭類（アンドレオレピス）も登場している。

クリマティウス　*Climatius*
シルル紀に登場した、初期のアゴをもつ魚類。尾ビレ以外、あらゆるヒレの前縁に、大きく鋭いトゲがあるのが特徴だ。体長はおよそ15センチメートル。

クリマティウスの化石。ヒレの発達はじつに印象的。

トレマタスピス
Tremataspis
アゴをもたない無顎類の一群で頭甲類というグループに分類される。頭部が1枚の大きな甲羅で覆われているのが特徴。海底付近に生活し、底泥中の有機物を吸い込んで食べていたと考えられている。体長はおよそ10センチメートル。
イラスト:ひらのんさ

エストニアのシルル紀の地層から産出したトレマタスピスの化石。
©Mare Isakar/TÜ geoloogiamuuseum

シルル紀に生物が上陸を始めたわけ

生物が陸上へ進出するためには、まず陸上が生物の生息に適した環境になる必要があった。もともと、太古の地球には、生物にとって有害な紫外線が降り注いでいた。しかし、20数億年前からシアノバクテリアが光合成によって放出した酸素が大気中に蓄積し、酸素はやがて、紫外線を吸収するオゾン層を形成した。これにより、有害な紫外線が地上にまで届きにくくなり、生物は陸上進出が可能になった。また、生物が陸上で生活するには、乾燥や重力など水中生活ではあまり問題にならなかった状況に適応していかなければならない。植物の場合、まず陸上で水や養分を吸収するために根を発達させていった。また、根から吸収した水や養分を全身に送るため、重力に逆らって体を支えるために維管束を発達させた。最大の問題は乾燥だったが、植物はクチクラ層で表皮の外側を覆い、水分の蒸発を防ぐことで適応した。いっぽうで動物は、重力に適応するため骨格を発達させ、空気中で呼吸するために肺を獲得。シルル紀中期には書肺という呼吸器をもつ小型のウミサソリの仲間が現れ、陸上に進出していたことがわかっている。このように、生物のしくみと上陸可能な環境が整ったのがシルル紀だった、というわけだ。

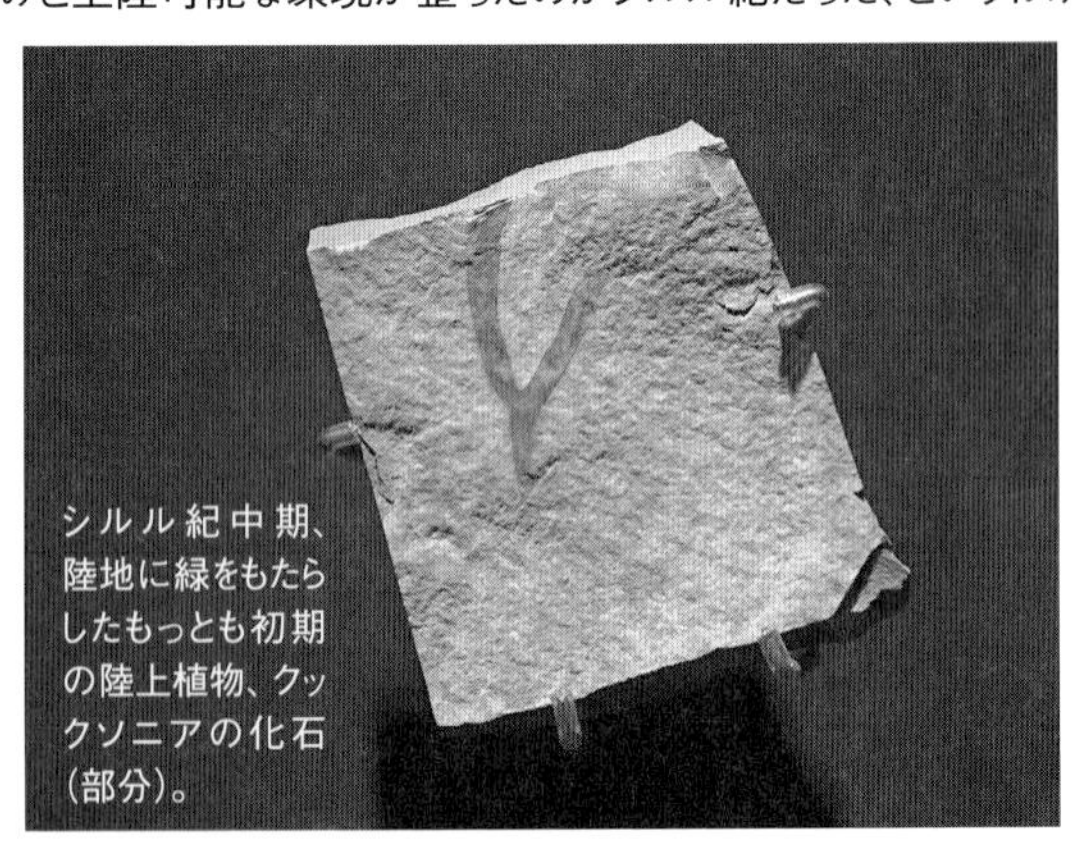

シルル紀中期、陸地に緑をもたらしたもっとも初期の陸上植物、クックソニアの化石（部分）。

第4章

約4億1900万～約3億5900万年前

デボン紀の生物

デボン紀の湿地帯イメージ。右手前にいる動物は、最初期の両生類イクチオステガ。ラコフィトン（左手前）は高さ1m超になるシダ植物である。右奥に見えているアルカエオプテリスもシダ植物で、最初の森林を形成した種類だ。イクチオステガの生活圏はおもに水中だったが、肉鰭類のヒレが進化した「指をもった四肢」を備え、前肢を使って水辺を移動できたと考えられている。

約4億1900万〜約3億5920万年前

豊かな海、デボン紀という時代

デボン紀は、イギリス南西部のデボン州にあるシルル紀と石炭紀の地層にはさまれた地層をもとに設定された時代区分である。この時代、シルル紀に上陸していた植物は次第に大きくなり、川に沿って大きな森林を形成していった。

海は川から豊富な栄養分を得て豊かな生態系をつくっていた。すでに誕生していた無顎魚類や棘魚類に加え、棘魚類と同じくアゴをもつ原始的な魚類の板皮類が繁栄をきわめた。また、現生魚類の大部分が属する条鰭類やサメなどの軟骨魚類の祖先、シーラカンスやハイギョを含む肉鰭類も出現。よってデボン紀は「魚類の時代」とも呼ばれる。また、オウムガイ類から進化したアンモナイトが現れたのもこの時代だ。植物の繁茂は動物の陸上進出をうながし、デボン紀後期には最初の両生類が現れ、脊椎動物として初めて陸上進出を果たす。いっぽう、アノマロカリス類（シンダーハンネスという種）やマルレッラと同グループのマルレロモルフ類など、カンブリア紀の「生き残りの化石」も見つかっている。

デボン紀中期〜石炭紀前期

前裸子植物アルカエオプテリスの登場

アルカエオプテリスは、デボン紀中期から石炭紀前期にかけて生息していたシダ類で、その化石は、現在の北アメリカやノルウェーなどで発見されている。

カナダにあるデボン紀の地層で化石が発見されたとき、葉が鳥の羽のようだったことからアルカエオプテリス（古代の羽）と命名された。同じ地層から直径1・5メートルもある巨大な幹（茎）の化石が見つかり「カリキシロン」と名付けられたが、のちに茎（カリキシロン）にアルカエオプテリスがついた化石が発見され、同じ植物だと判明した。

アルカエオプテリスは、茎の直径1・5メートル、高さは6〜10メートルにも達し、広がりのある枝をもち、地球上で初めて森林を形成した植物として知られる。

見た目は針葉樹に似ているがシダ植物の仲間で、生殖器官は現代のシダ植物と同じタイプだが、栄養器官の特徴は裸子植物とも似ており、「前裸子植物」と呼ばれる。クチクラ層の発達が悪かったため、乾燥に弱く湿地帯に生えていたと考えられている。

ボトレオレピス
Bothriolepis canadensis
デボン紀中期に大繁栄した板皮類で、発見された化石から、近縁種を含めると100種を超えるものと想定される。頭部と胸部は甲羅で覆われ、胸部両端から一対の胸ビレ状の突起が出ているのが特徴。体長は約25～50センチメートル。

ドゥンクレオステウス

Dunkleosteus

デボン紀後期、現在の北アメリカや北アフリカに生息していた板皮類。体長は6～10メートルという巨大魚で、板状の骨が歯の役目を果たし、獲物をかみ切っていたと思われる。デボン紀末の大量絶滅により多くが死滅、石炭紀前期に絶滅した。

海の覇権を握った板皮類

デボン紀になると、無顎類に代わって世界中の海を支配し、急速に繁栄したのがアゴをもつ魚類（顎口類）のグループのひとつ板皮類だった。デボン紀中期の地層から産出する化石から、その属は、およそ240と推定されている。板皮類は、アゴを発達させた最初の脊椎動物でもあり、頭部と胸部が骨質の甲で覆われていた。そのため、系統的には異なるが、無顎類の頭甲類（とうこうるい）や翼甲類（よくこうるい）などとともに甲冑魚（かっちゅうぎょ）と呼ばれる。また、板皮類にはアゴはあるが歯はなく、歯のように鋭利なアゴの骨を備えていた。さらに、板皮類は初めて腹ビレをもった魚類でもあり、安定して水中を泳ぐことができた。

デボン紀中期の板皮類で、もっとも繁栄したのはボトリオレピスだ。ボトリオレピスの化石は100種以上におよび、南極大陸を含むすべての大陸から発見されている。体長は25～50センチメートルで、胴体が甲羅で覆われた胴甲類（どうこうるい）の魚類である。胴甲類は、胸部の両端から一対の胸ビレ状の突起が出ており、この突起も骨板で覆われ、その先端は鋭くとがっていた。

多くの板皮類のアゴの骨（歯の代わり）は、それほど強力ではなく、湖や川などの水底を左右の突起で掘り返し、水底の小動物を食べて生活していたと考えられている。反対に、強力なアゴをもち「最強の甲冑魚」と呼ばれているのが、ドゥンクレオステウスだ。

板皮類の化石は、甲冑部分である頭部と胸部しか残っていないものがほとんどで、ドゥンクレオステウスも体の後半部の化石は発見されていない。しかし、前半部の大きさから、体長は古生代の魚類のなかでも最大級で、6～10メートルに達していたと推測され、デボン紀後期の海洋生態系の頂点に君臨していたと考えられている。

ドゥンクレオステウスは、板皮類の節頸類（せっけいるい）というグループに属し、頭甲と胴甲が蝶つがい状の関節で連結され、動かすことができたと考えられている。最近のコンピュータ解析によると、噛む力は口先で4400ニュートン以上、口の奥では5300ニュートン以上だったと推定されている（ヒトの噛む力は1000ニュートン未満、ホオジロザメで3100ニュートンほど）。この数値は、すべての魚類で最強であるばかりではなく、全動物でも最強クラスである。しかし、歯がなかったために噛みちぎった獲物はそのまま丸飲みし、消化しきれなかった骨などは吐き出していたと見られている。

ゴニアタイト（アンモナイト）
Goniatite
中生代デボン紀からペルム紀にかけて繁栄したアンモナイトの一グループ。初期のアンモナイトの仲間は、長細い円錐形の殻をもっていたが、殻は徐々に丸まっていき、最終的には巻いていた殻が完全に密着した。

シーラカンス類

Coelacanthiformes

ドイツで産出されたデボン紀に生息していたシーラカンス類の全身化石。

デボン紀

進化するアンモナイト

古生代から中生代にかけて繁栄したアンモナイトは、オウムガイと同じく軟体動物・頭足類に属し、現生の生物ではイカやタコなどに近い。アンモナイトとオウムガイの違いは、アンモナイトの初期室（中心にある巻き始めの殻）が球状なのに対しオウムガイは球状の初期室をもたないこと、殻内部の隔壁を貫通する連室細管と呼ばれる管がアンモナイトは殻の外側に沿っているのに対して、オウムガイは中央部を貫通することなどが挙げられる。また、アンモナイトは全種が絶滅しているが、オウムガイは1属5種が現存する。

出現した頃の頭足類の殻は、まっすぐ円錐形に伸びていた。それが徐々に変化し、デボン紀中期から後期にかけて、弓なり（キュルトバクトリテスなど）→殻の先端が内側に巻き込む（コケニアなど）→殻がらせん状に巻いている（アネトケラスなど）→殻のらせん状化が進み中心付近が密接している（エルベノケラスなど）と急速に丸まっていき、やがてわたしたちがよく知るアンモナイトのような形になったことがわかっている。

シーラカンス、ここに現る！

シーラカンス類はデボン紀に出現した。当時、世界の広い水域で栄えていた肉鰭類という魚類に属するグループのひとつで、白亜紀末の大量絶滅ですべての種が絶滅したと見られていた。ところが、1938年、南アフリカで生きているシーラカンスが見つかり、世界を騒然とさせた。このアフリカ南・東海岸沖に生息するシーラカンスは、ラティメリア・カルムナエという名で記載された。ラティメリアはこのシーラカンスを市場で発見した博物館の女性職員の名前、カルムナエは発見場所近くの川の名前に由来している。その後、インドネシア沖でも新たなシーラカンスが発見され、こちらはラティメリア・メナドエンシスという名前で新種報告された。

シーラカンス類の特徴は、根本に柄状の構造をもつ胸ビレ、腹ビレ、第2背ビレ、第1臀ビレをもち、その内部には、ほかの魚類では見られない骨と関節があること、分節した脊椎骨をもたず脊柱と呼ばれるチューブ状の管が頭部から尾ビレまでつながり、中身が油

のような液体で満たされていること、頭蓋骨が前後ふたつの部分からなり、関節でつながっていること、尾ビレと第3ビレと第2臀ビレがひとつの尾ビレのような構造をつくっていること、そしてコズミン鱗という鱗をもつことなどが挙げられる。シーラカンス類の化石は80種以上発見されており、その姿は現生シーラカンスであるラティメリアとほとんど変わらない。そのためラティメリアは「生きている化石」と呼ばれている。

エウステノプテロン・フォーディ *Eustenopteron foordi*
デボン紀後期に現れた、淡水の浅瀬で生息していた肉鰭類の代表格。全長は最大で1.5メートル。根本に柄状部を備えた胸ビレや腹ビレが最大の特徴で、これは、両生類の「四肢」の原型と見られれている。
所蔵:神奈川県立生命の星・地球博物館(撮影:村上裕也)

ティクターリク *Tiktaalik*
カナダ・エルズミア島の約3億7500万年前の地層から発見された肉鰭類。体長は最大で2.7メートルとされ、平たい頭部など外見はワニに似ている。首や肩、肘、手首といった部位に陸上の四肢動物との共通点が多く、魚類から四肢動物への進化の途中にある生物として注目されている。

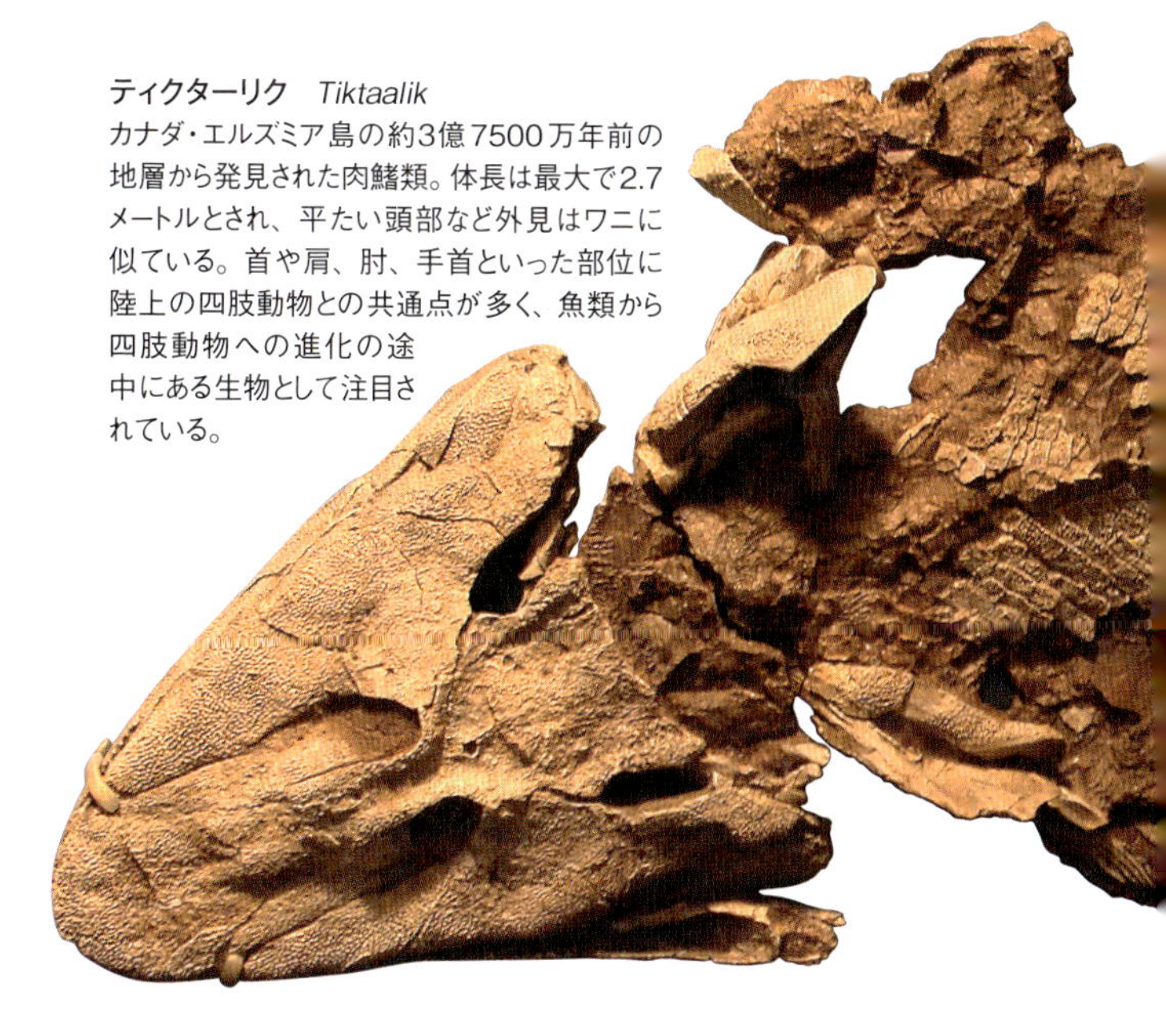

3億7500万年前

魚類の仲間、肉鰭類が上陸開始！

初めて脊椎動物が陸上に進出したのは約3億6500万年前、デボン紀末期のことだった。4本の脚をもつ脊椎動物である「四肢動物」は、肉質の柄を備えたヒレをもつ魚類（肉鰭類）から進化したと考えられている。内陸の湿地帯で生活していた魚類が、水量が少なく不足しがちな酸素を補うために、エラ以外にウキブクロでも呼吸するようになり、浅瀬の堆積物のなかを効率よく移動するために胸ビレが前脚へ、腹ビレが後脚へと進化していったと推定されている。

エウステノプテロンは、デボン紀後期に生息していた代表的な肉鰭類で、カナダのデボン紀後期の地層から多くの化石が発見されている。体長はおよそ0・3〜1・5メートル。ヒレ根本の柄状部には骨があった。ヒレ柄状部の骨や背骨、頭蓋骨のつくりが原始的な両生類に似ていたため、これらの化石は、四肢動物の祖先として長いあいだ研究されてきた。

しかし、同じ時代の地層から、より四肢動物に近いパンデリクチス（肉鰭類）が発見され、現在ではパンデリクチスのほうが四肢動物に近い魚類だと考えられている。パンデリクチスの体長は、およそ0・9〜1・3メートル。四肢動物に似た大きな頭と左右で対になる肉質の柄状部のあるヒレをもっている。このヒレは、水底に押しつけて体を起こすときなどに使われたと考えられている。

ティクターリクは、カナダ・エルズミア島の約3億7500万年前の地層で発見された肉鰭類だ。体長は最大2・7メートル、口の部分が長く、頭部の外見はワニに似ている。パンデリクチスのような魚類とアカントステガ（116ページ）やイクチオステガ（117ページ）といった両生類のあいだには、両者の特徴を備えた移行的な種が存在すると考えられてきた。ティクターリクはまさにそういった生物で、指はまだなかったが、肘関節と手首関節をもっていた。まだ陸上を歩くことはできなかったと考えられるものの、浅瀬の水底にヒレをつけて移動することは可能であったと見られる。胸ビレ周辺の筋肉も発達しており、さらに前肢としての機能に近づいていたとも考えられている。

さらに、肋骨も四肢動物のように発達しており、骨盤の原型となる骨があることもわかっている。ティクターリクの発見によって、魚類から両生類への進化の過程がより明確になったといえるだろう。

アカントステガ　*Acanthostega*

体長はおよそ60センチメートル。アカントステガは最初に現れた原始的な両生類で、明確な四肢をもち、それぞれに8本の指があった。水中を生活の場としていたが、エラと、肺同様の機能をもったウキブクロの両方で呼吸ができたと考えられる。そこには、陸生に向けた確かな変化が認められる。

3億6500万年前

8本指の両生類アカントステガ

アカントステガは、デボン紀後期、ヨーロッパやグリーンランドに生息していた原始的な両生類だ。肉鰭類から両生類へと進化を遂げたその初期の生物といえる。

体長は約60センチメートル、胸ビレや腹ビレを起源とする明確な四肢をもつ。前脚は肉鰭類の胸ビレに似ており、前後の脚にはそれぞれ8本の指があった。アカントステガは、その指が外側を向いていること、手足の関節が未発達であったことなどから、陸上で活動することは難しいと考えられる。四肢は櫂（かい）のように水をかき、浅瀬の堆積物のなかをかき分けたり、水中を泳ぐのに使われたのだろう。肋骨や脊椎骨も貧弱で、この点でも陸上で体重を支えることは難しかったと考えられる。また、四肢動物の耳に見られる骨はあったが、いっぽうで体の側面に水中で用いられる側線器官（両生類や魚類がもつ感覚器官）もあった。エラも呼吸に使用していた痕跡がある。以上から、アカントステガはエラとウキブクロの両方を用いて呼吸し、水中で魚類などを捕食して生活していたと考えられている。

3億6500万年前

最初の陸上四肢動物!? イクチオステガ

イクチオステガもまた、グリーンランドで化石が見つかった原始的な両生類である。

1928年に頭の部分が発見されたときには魚類と考えられていたが、1948年に脚の部分が見つかり、両生類だと判明した。体長は約1メートルもあり、しっかりとした四肢をもち、陸上で移動することができた最初の四肢動物と考えられていた。

四肢はヒレ状で、大小7本の指をもっていた。後肢は水をかく櫂の形をしており、水中での活動に向いていたと考えられる。そのいっぽうで、胸郭（きょうかく）は幅広く頑丈で、陸上で重力から内臓を守ったり、体を支えたりすることが可能であった。

最近、コンピュータシミュレーションによって、イクチオステガについた四肢の関節の可動性が3次元的に再現された。それにより、イクチオステガが四肢を使って歩行できなかったことがわかった。そのためイクチオステガは、ほぼ水中で生活し、ときどき上陸してはアザラシのような動きで這いずっていたと考えられている。

ポリプテルスを歩かせた？

2014年9月3日の科学誌『ネイチャー』オンライン版に、興味深い論文が掲載された。カナダ・マギル大学とオタワ大学の研究チームが、ポリプテルスという魚類を使って「魚を陸上化させたときに、どのような変化があるか」という実験を行ったというのだ。

ポリプテルスは、飼育用としても人気の高い「古代魚」で、ウキブクロを用いた空気呼吸ができ、発達した胸ビレを使って、水辺の湿地などを「歩く」ことができる。

研究チームはこのポリプテルスの稚魚111匹を、体が完全に乾いてしまわないよう、小石が敷きつめられた水槽に深さ3ミリメートルほどの水をはり、定期的に霧吹きで水槽内を湿らせるという環境で、8カ月間飼育した。その結果、この陸上の環境で育てられたポリプテルスは骨格の発育に変化が生じ、ふつうは左右に広がっている胸ビレが、ほぼまっすぐ下に伸びていた。そのため、地面を押して前に進むときにヒレが滑りづらくなり、より速いスピードで歩けるようになったという。研究チームは、この実験結果が、水生生物が陸上生活に適応していった過程を解明する手がかりになるかもしれないとしている。

四肢動物の腕さながらに、胸ビレのつけ根に発達した筋肉をもつポリプテルス。

第5章

約3億5900万～約2億5200万年前

石炭紀とペルム紀の生物

約3億5900万年前

石炭紀に多様化したサメたち

板皮類に代わり石炭紀の海で繁栄し、多様化していったのがサメの仲間（軟骨魚類）である。サメ類が出現したのはシルル紀だが、デボン紀後期には80種を超え、当時の地層から発見される魚類の70パーセントがサメの仲間だった。その後の石炭紀は、サメの時代といっていいだろう。石炭紀の地層からは、さまざまな大きさと形をしたサメの化石が見つかっており、多種多様な往時の姿を教えてくれる。しかし、現在のサメとは、似ても似つかぬ姿をしているものもいる。

たとえば、ファルカトゥス。これはアメリカ・モンタナ州の「ベア・ガルチ石灰岩層」から発見されたサメで、全長は30センチメートルほど。頭部にL字型の突起構造をもっているのが特徴だ。この突起はオスとみられる個体しかもっておらず、突起のない個体が突起のある個体の突起物をくわえている化石も残っている。そのため、この突起は交配のときに使われたのではないかという説もある。

同じように、不思議な突起をもつサメの仲間にアクモニスティオンがいる。こちらはスコットランドで見つかったサメで、全長は60センチメートルほどだが、後頭部には高さ・長さとも10センチメートルほどの「おろし金」とも「アイロン台」ともとれるような突起がある。その表面には、トゲのような突起がびっしりと並んでいた。そしてこの突起もオスだけがもつもので、交配のときに役立てられていたのではないかとする意見がある。また、この突起があるオスは、性的に成熟していたとする研究結果も出ている。

奇妙さでもっとも有名な古代のサメといえば、石炭紀の次、ペルム紀に現れたヘリコプリオンだろうか。ヘリコプリオンは、アメリカ・アイダホ州の約2億7000万年前の地層から、「歯の化石」だけが見つかっている。それは直径は23センチメートルの円盤状で、117個もの歯がらせん状に外を向いて並んでいる。

歯の形と構造から、軟骨魚類のものであることはわかったが、持ち主の正体が不明だった。そのため、上アゴが反り返った先端に障害物のごとくついていたり、歯ではなく背ビレや尾ビレだったりと、復元図はさまざまに描かれてきた。しかし2013年にCTスキャンで化石を調べたところ、不確定ながら、ヘリコプリオンは下アゴの中央にらせん構造をもつ、ギンザメの仲間であるという説が有力になった。

ペルム紀に生息していたサメ、「ヘリコプリオンの歯」の化石。なぜ、どのように付いていたかは不明だが、ぐるぐる巻きになったこの歯は、ほかに例を見ない。ヘリコプリオンは、サメが登場直後から、いかに多様性をもっていたかを雄弁に語っている。

ファルカトゥス　*Falcatus*
上は、頭部にL字型の突起がある古代サメ、ファルカトゥスの復元図。この不思議な突起はオスの個体にしか見られず、繁殖行動に使われていた可能性が指摘されている。下は、アメリカ・モンタナ州の「ベア・ガルチ石灰岩層」で発掘されたファルカトゥスの化石。L字型の突起がきれいに残っている。

3億1000万〜2億9000万年前

史上最大の多足類アルトロプレウラ

アルトロプレウラは、石炭紀の森林に生息していた巨大な節足動物である。その姿は巨大なムカデのようで、体長は2メートル以上、幅は45センチメートルほどあり、陸上の節足動物としては史上最大級の大きさを誇った。

アルトロプレウラが這った跡の化石が、アメリカやヨーロッパなどさまざまな場所で見つかっている。しかし、発見された化石はいずれも部分的なものばかり。完全体は見つかっておらず、くわしいことはわかっていない。ムカデやヤスデに近い種と見られているが、脚の構造の違いなどから、独自のグループに分類されることもある。

食性についても、ムカデは小さな昆虫などを捕食する肉食だが、アルトロプレウラの場合、口の化石が見つかっていないこともあり不明だ。しかし近年、消化管に胞子が残っている化石が発見されたことで、草食性と考えられるようになった。また、とくに大きな個体は、昆虫なども食べる雑食性だったのではないかという説もある。

約2億9000万年前

巨大化する昆虫メガネウラ

石炭紀には巨大な昆虫が数多く出現した。その原因のひとつに考えられるのが、当時の大気中の酸素濃度だ。シダ植物の繁栄により、当時の酸素濃度は約35パーセントだったとされる（現在は約20パーセント）。酸素濃度が高ければ血管をもたないため体全体に酸素を供給するのに制限のある昆虫も大型化することができ、代謝速度も速まる。こうして、石炭紀からペルム紀にかけて昆虫は巨大化していったと考えられている。

巨大昆虫の代表種が、約2億9000万年前の森に生息していた巨大なトンボ様の昆虫、メガネウラだ。翅開帳（しかいちょう）（翅を開いたときの幅）は約70センチメートルと、現生の大型トンボの約10倍。ただし、メガネウラはトンボ類の近縁ではあるもののトンボではない。原トンボ類というグループに分類され、さまざまな違いがある。たとえば、メガネウラは現生のトンボのように翅を閉じてとまったり、空中で停止したりはできない。捕食するときは、ときおり翅を羽ばたかせながら滑空して、獲物に襲いかかっていたと考えられている。

メガネウラ

Meganeura

厳密にはトンボ類ではなく、全滅した昆虫グループの「原トンボ類」に分類されるが、古代の巨大トンボといえばやはりこのメガネウラ。翅開帳は70センチメートル。こんなトンボが森林を滑空していたことから、石炭紀の環境が昆虫にとっていかに適していたかがわかる。図では前翅と後翅の出ている体節が離れているように復元されているが、実際は同じ体節か隣接する体節から出ていたと思われる。

アルトロプレウラ

Arthropleura

大きなものでは全長2メートルを超えるといわれる、史上最大級の陸上節足動物。体節の数は30を数える。意外にも肉食性ではなく、植物性または雑食性と考えられている。

約3億年〜2億7000万年前

三角頭をしたディプロカウルス

最初に水中から陸上に上がった脊椎動物は両生類である。しかし、両生類は陸に上がったとはいっても、爬虫類のように完全に水から離れて生活することはできなかった。

ここで紹介するディプロカウルスは、ペルム紀の北アメリカに生息していた両生類で、「ふたつの突起」を意味する名前は外見に由来している。

全長は60センチメートルほど。最大の特徴は、ブーメランのような形の頭部だ。ディプロカウルスは、幼生から成体までの化石が数多く見つかっており、成長するにしたがって頭が左右に広がっていき、ブーメラン形になっていくことがわかっている。なぜ、このような特異な頭部をもっていたのかについては、頭が大きいと捕食者に食べられにくい、大きな頭で川の流れに乗って移動していたなどの説がある。また、四肢が短く、陸上でこの大きな三角頭をもち上げて歩行するのは難しいため、ほとんど水底を這うようにして暮らしていた、泳ぎながらエサを食べていた、といった説がある。

約2億9900万〜2億7000万年前

水棲爬虫類メソサウルス

ペルム紀になって多様化していったのが爬虫類だ。

メソサウルスは、ペルム紀初期に生息していた水棲爬虫類で、一度地上の生活に適応したあと、もう一度、水中生活に戻っていったグループのひとつだ。

全長は約1メートルで、頭部は細長く、長い首と尾をもっていた。尾の骨が上下に伸びてヒレ状になっていたと見られている。細くて鋭い歯が上下のアゴに並び、四肢はヒレ脚状になっていた。後脚のほうが前脚より大きく、水かきがついた5本の指があった。また、川や沼に生息する淡水性で、エビや小魚などを食べていたと考えられている。

メソサウルスの化石は、南アメリカ大陸のブラジルやウルグアイ、アフリカ大陸の南アフリカで見つかっている。メソサウルスは淡水生で海を渡ることはできないため、このことは当時、南アメリカ大陸とアフリカ大陸がつながって超大陸（ゴンドワナ大陸）を形成していたという「大陸移動説」の証拠のひとつになっている。

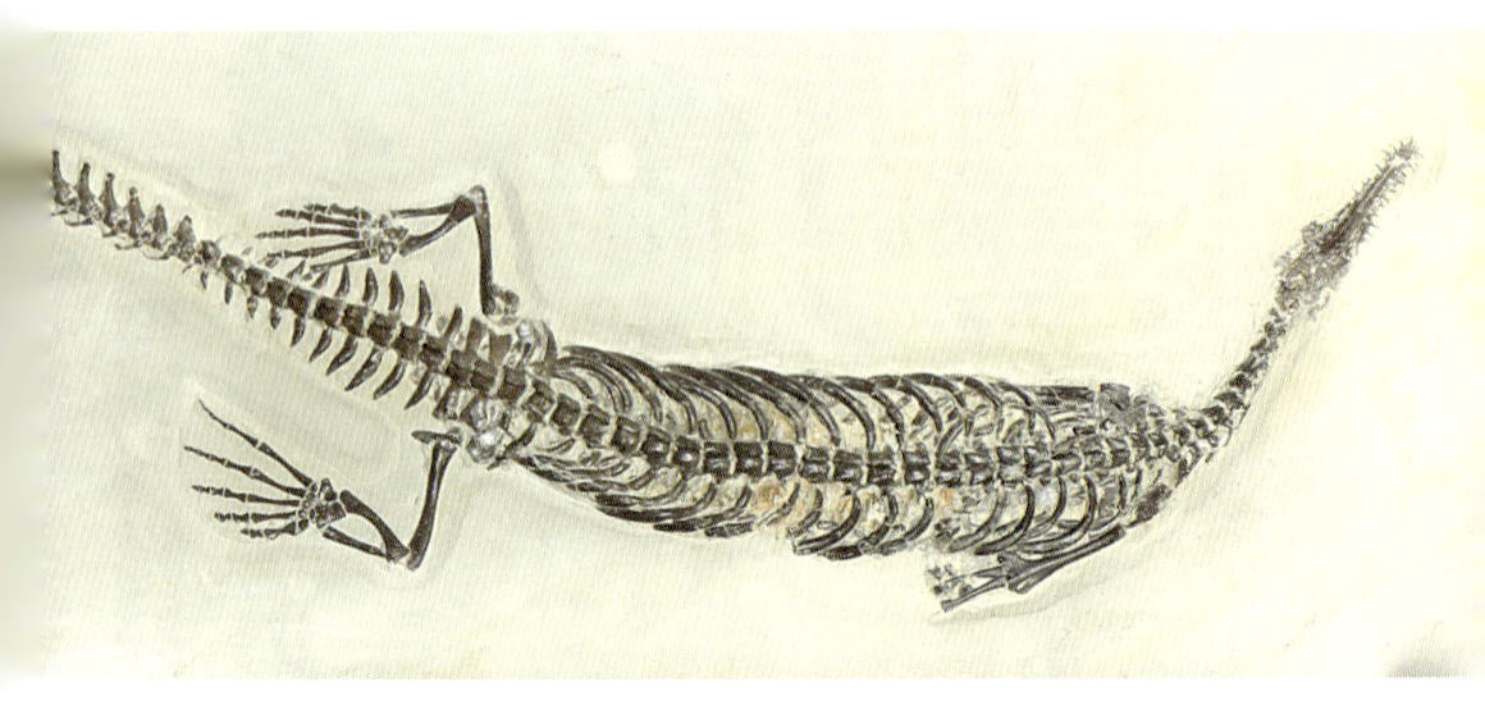

ディプロカウルス
Diplocaulus
ペルム紀の両生類で、学名は「ふたつの突起」を意味する。本来は頭部の小さな2本の骨であったのが、成長するにしたがって長く伸びて、やがてブーメラン状の頭部をなす。こうした形状から陸生には向かず、おそらくは一生のほとんどを水中で暮らしたと見られている。

メソサウルス　*Mesosaurus*
水中の暮らしに適応した最初の爬虫類。化石がアフリカ大陸と南アメリカ大陸で見つかっていることから、メソサウルスが生息したペルム紀当時、2大陸はくっついていて超大陸・ゴンドワナ大陸を形成していた証拠のひとつとされる。
所蔵：神奈川県立生命の星・地球博物館
（撮影：村上裕也）

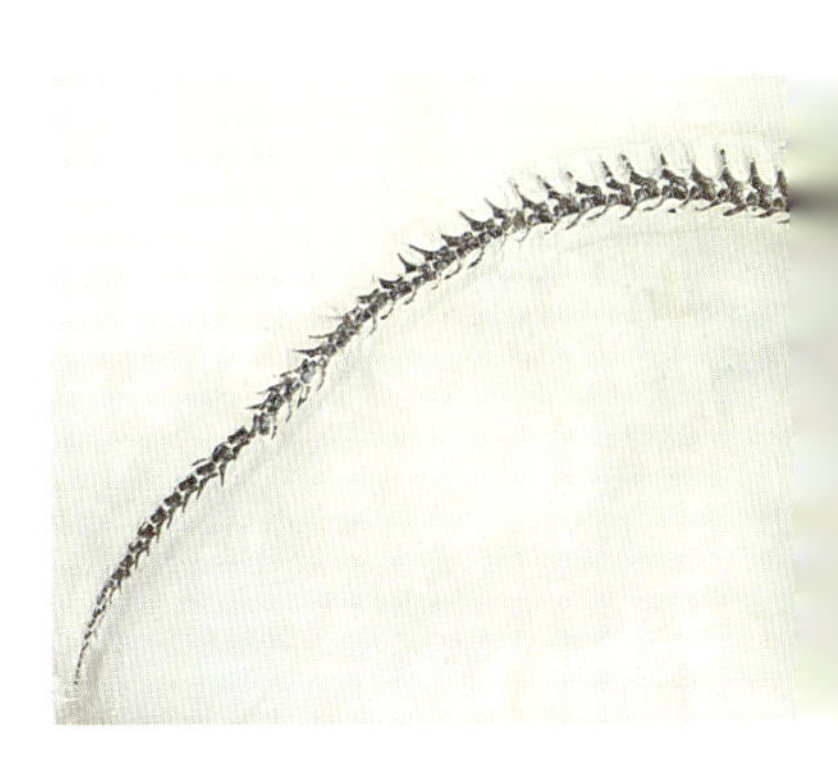

約2億9900万～2億5200万年前

単弓類の大繁栄

　ペルム紀に両生類と爬虫類に加え、第3のグループとして繁栄したのが単弓類だ。単弓類の「弓」は、頭骨の眼窩のうしろに開いた側頭窓という「穴」構造を指している。「単」は1個、つまり左右1個ずつ穴があることを意味する。穴が2個ある「双弓類」も存在し、こちらはワニ類や恐竜類が含まれる。また、単弓類はかつて「哺乳類型爬虫類」と呼ばれていた。文字どおり「哺乳類のような爬虫類」、つまり爬虫類から哺乳類に進化する途上にある生物と見られていた。しかし今では、生物は両生類↓爬虫類↓哺乳類と進化していったのではなく、両生類から単弓類と双弓類が分かれ、それぞれ独自に進化したとする説が有力になっている。そのため哺乳類型爬虫類という言葉は、次第に使われなくなっている。なお、単弓類は石炭紀に出現していたが、このうち、哺乳類へ続く獣弓類のほか、エダポサウルス類、スフェナコドン類がペルム紀に大きく繁栄した。

　単弓類のなかには、背中に大きな「帆」をもつ種がいた。その代表格ともいうべきディメトロドン（スフェナコドン類）は、ペルム紀前期に現在の北アメリカに生息していた。全長は1〜3メートル、比較的大きな頭部（長さ約45センチメートル）をもち、ひと目で肉食とわかる大きく鋭い歯が生えていた。化石は浅い川に溜まった堆積物から、魚の骨とともに発見されたので、水辺で生活していたと考えられている。背中の大きな帆は、脊椎（の神経棘）が伸びた棒状の骨のあいだに皮膜が張られていたもので、体温調節やオスがメスに対するアピールに使われたと考えられている。

エダポサウルス（エダポサウルス類）も大きな帆をもつ単弓類だ。ペルム紀前期の北アメリカやヨーロッパに生息し、全長は3メートル超、草食で頭部は比較的小さく尾は太い。背中の帆は、軸となる骨から左右にいくつもの突起が出ているのが特徴だ。この帆も、体温調節に使われていたと考えられていたが、そのためには、骨に血管が通っていなければならない。しかし最近の研究で、一部のエダポサウルスの骨には血管の痕跡がないことが判明しており、体温調節の機能はなかったのではないかとする意見もある。ディメトロドンやエダポサウルスは、似てはいるがまったく異なる単弓類なのである。

単弓類は、この2種以外もペルム紀に大型の草食動物や肉食動物に進化して繁栄をきわめた。しかし、ペルム紀末の大量絶滅によって、そのほとんどが姿を消すこととなる。

ディメトロドン

Dimetrodon

「帆をもつ恐竜」などといわれることがあるが、ペルム紀前期、北アメリカに生息していた単弓類であり、恐竜ではない。最大の特徴は背中に張り出した帆。これは骨のなかに通った血管を利用した体温調整、あるいは、求愛のディスプレイに使われたと考えられている。

エダポサウルス

Edaphosaurus

石炭紀からペルム紀後期にかけて生息していた単弓類。全長はおよそ3メートル。背中に伸びた椎骨は、大きな帆を張るためのもの。同じように大きな帆を張るディメトロドンと異なるのは、全身骨格写真を見てのとおり、棒状の骨から左右にトゲのような突起が出ている点。また、草食性でもあった。

石炭紀の巨木がもたらす化石燃料

古代から「燃える石」として知られていた石炭。18世紀から19世紀にかけては、蒸気機関の発明によって起こった「産業革命」の主要なエネルギー源となり、綿、製鉄、機械、石炭採掘業などさまざまな産業の発展を支えた。

その石炭は、そもそも植物である。デボン紀に生まれた植物は、続く石炭紀で多様化を見せた。そうした植物がやがて地中に埋もれ、数億年にわたる時間のなかで変質し、炭素を多く含む可燃性固形物となったものが石炭なのだ。なお、地質年代における石炭紀（約3億5900万～約2億9900万年前）という表記は、その名のとおり、ヨーロッパ、ロシア、北アメリカのこの時代の地層から「石炭が多く産出される」ことに由来している。ただし、産出するすべてが石炭紀に由来するわけではない。

石炭紀はおおむね温暖で、大気中の酸素濃度が現在よりも高く、赤道地域の沼地では高さ30メートルを超えるようなリンボクやロボク（カラミテス）といったシダ植物が生い茂っていた。

近代になって燃料として人類の産業や文明の発展を支えた石炭は、これら古代の植物の化石なのである。

高さ30メートルにも達したというシダ植物の一種、カラミテスの化石（石炭紀）。
所蔵：神奈川県立生命の星・地球博物館（撮影：村上裕也）

第6章

約2億5200万～約1億4500万年前

三畳紀とジュラ紀の生物

リストロサウルス　*Lystrosaurus*
三畳紀前期、超大陸パンゲアに生息したと考えられている草食性の単弓類。体長はおよそ90～120センチメートル。化石は南アフリカ共和国、インド、ヨーロッパ、ロシア、中国、南極大陸など広域で発見されており、当時のこれらの地域が陸続きで超大陸パンゲアを形成していたことを物語っている。
©Science Photo Library/amanaimages

トゥリナクソドン　*Thrinaxodon*
頭骨や歯、かかとの骨のつくりが哺乳類に似ている単弓類だ。横隔膜を使って呼吸をしていたとされ、こうした単弓類のグループが哺乳類の祖先と考えられている。体長は30センチメートルほどで肉食性。
©The Natural History Museum/amanaimages

約2億5400万〜約2億4700万年前

草食性の単弓類リストロサウルス

古生代末（P－T境界）に地球史上最大の大量絶滅が起こった。その後、気温が上昇し爬虫類が大繁栄する三畳紀を迎えるかたわら、哺乳類の祖先ともいうべき単弓類も力強く生き延びていた。この時代、広域に分布していた単弓類の代表が、草食性のリストロサウルスだ。全長は約1メートル。ずんぐりとした体形に短い四肢、短い尾、角状の嘴と大きな牙状の犬歯をもっているのが特徴である。ただし、犬歯といっても噛みつくためではなく、植物の根を掘り起こしたり、巣穴を掘ったりするのに使われていたと見られている。また、水辺を生息地にしていたとする説と、乾燥した環境に生きていたとする説がある。

すぐれた嗅覚と視力、聴覚を備え隆盛をきわめたとされるリストロサウルスだが、競合する草食動物や天敵の肉食動物の出現で三畳紀前期の終わりとともに絶滅したと見られている。化石はアジアやヨーロッパ、南極など世界各地で発見されているが、これは三畳紀の頃、これらの諸地域が超大陸パンゲアとして陸続きだった証拠のひとつになっている。

2億5100万〜約2億4700万年前

肉食性の単弓類トゥリナクソドン

トゥリナクソドンは三畳紀前期に生息していた単弓類で、ネコくらいの小型の肉食動物だ。頭骨のほか歯や四肢の構造、かかとの骨などは、すでに哺乳類的な特徴を有しており、効率のいい俊敏な動きで昆虫や小動物を捕食していたと考えられる。学名は「三つ又の歯」の意味である。

顎骨には小さな穴があり、これはネコのヒゲのような洞毛（どうもう）が生えていた痕跡と考えられている。体を丸めた状態の化石も発見されており、休眠時に体温を下げないようにしていたのではないかと推察されている。また、体毛が生えていたとする意見も多い。脊椎骨や肋骨の形状が特有で、哺乳類のように肋骨の動きだけで呼吸することは難しかったと推定されるが、横隔膜で胸郭と腹郭が分けられ、これで効率的に呼吸できるようになっていた。こうした変化は、ペルム紀末の低酸素環境への適応だと見られる。横隔膜による呼吸を行うようになった単弓類のグループは、やがて哺乳類へと進化の道をたどっていく。

アリゾナサウルス *Arizonasaurus*
アメリカ・アリゾナ州の三畳紀中期の地層から化石が発見されている最初期のクルロタルシ類。肉食性で背中の「帆」が特徴だ。同じように帆をもつ単弓類のディメトロドンやエダポサウルスが棒状の骨で帆を支えているのに対して、アリゾナサウルスの骨は板状。この形状はむしろ、のちに出てくる恐竜、スピノサウルスと類似したものになっている。全長は約3メートル。
©Stocktrek Images/amanaimages

サウロスクス　*Saurosuchus*
クルロタルシ類のうちラウィスクス類に分類される大型種、サウロスクスの全身復元骨格。肉食性でティラノサウルスを思わせるような大きな頭部が特徴。全長は約5メートル。

2億4300万年～2億100万年前

黄金期を迎えたクルロタルシ類

ペルム紀末の大量絶滅から生態系が再構成されていくなか、主竜類という爬虫類グループが台頭する。気のうをもつことで低酸素環境に適応した主竜類は、衰退する単弓類と入れ替わるように多様化。やがて、ワニ類に進化するクルロタルシ類と恐竜へ進むアウェメタタルサリア類に分岐する。クルロタルシ類は、体の横方向から四肢が突き出た現生ワニ類の祖先にあたるが、彼らは体の下方向に四肢が伸び移動速度が速く、エネルギーロスが少ない歩き方をしていたようだ。現生ワニ類の歩行とはだいぶ違っていたようである。そして、最初に姿を現したクルロタルシ類は、アメリカのアリゾナ州で化石が発見された全長3メートルのアリゾナサウルスとされる。最大の特徴は、脊椎の神経棘が平たく伸び、80センチメートル近くなる帆を形成すること。帆の役割は未解明だが、帆を支える骨組みである神経棘が平たい形状は、のちの白亜紀に現れるスピノサウルスに類似している。

三畳紀後期、大繁栄を遂げたのが全長1・5メートルほどのアエトサウルスを代表種とするアエトサウルス類だ。現生ワニ類にもっとも近縁なグループで、背中、腹、尾に骨質甲板状の鱗をもっていたが、食性は現在のワニとは違って草食だった。

多種多様なクルロタルシ類には、ワニには似ても似つかない種もいた。アリゾナサウルスの直系、ポポサウルス類の一種であるエッフィギアもそれ。全長3メートル、小さな頭、長い首と尾のスレンダーな体型で、二足歩行していたと考えられる。頭骨の構造から、主として植物を食べていたと思われるが小動物くらいは捕食していた可能性もある。

クルロタルシ類で最大の大きさを誇ったのがラウィスクス類だ。肉食性で、三畳紀後期には全長5メートルものサウロスクスが現れ、それから約2000万年経った三畳紀末期には、全長10メートルものファソラスクスが登場している。

三畳紀後期の陸上では、単弓類、恐竜類、クルロタルシ類の3グループが覇権を争っていた。そのなかで、大きな体と食性の多様化に成功したクルロタルシ類が生態系の頂点に立った。また、クルロタルシ類が三畳紀の生態系の上位を占めたため、アウェメタタルサリア類に含まれる初期の恐竜類の多様化が抑えられたともされている。しかしこのあと、三畳紀末の大量絶滅がきっかけでクルロタルシ類のほとんどは姿を消し、がら空きとなったニッチ（生態的地位）を埋めるように恐竜類が繁栄、多様化を進めていくのである。

イクチオサウルス　*Ichthyosaurus*
一見するとイルカのような姿をしていた魚竜。三畳紀後期に登場しジュラ紀に繁栄するが、恐竜など多くの動物が消え去った6600万年前の大絶滅よりも前、今から9000万年前には絶滅したと考えられている。

ステノプテリギウス　*Stenopterygius*
ジュラ紀前期の海に生きた魚竜。四肢や尾はヒレ状をした水棲爬虫類。
写真の化石は、ドイツ・バーデンビュルテンベルク州で産出。
所蔵:神奈川県立生命の星・地球博物館（撮影:村上裕也）

プレシオサウルス　*Plesiosaurus*
1823年、世界で初めて発見された首長竜で、ジュラ紀前期の海を支配した。肉食性で、魚やイカなどを捕食していた。近縁の首長竜は化石から胎生であることが判明しており、本種も胎生である可能性が高い。全長は約3.5メートル。

約2億4500万〜約9000万年前

ジュラ紀の魚竜イクチオサウルス

イクチオサウルス（イクチュオサウルス）は、現在のイルカやクジラのような流線型の体型に進化した水棲爬虫類（魚竜）だ。眼球は大きく発達し、直径30センチメートル近い化石も見つかっている。背中には大きな背ビレ、ヒレ脚の四肢、垂直に立ち上がった半月形の尾ヒレをもつ。三畳紀前期の約2億4500万年前には登場し、ジュラ紀に繁栄した。化石の胃の内容物の痕跡から、魚やイカなどの小動物をエサにしていたと考えられ、卵を体内で孵化させてから、幼体を産み落とす胎生（卵胎生）であったこともわかっている。

同じ魚竜の仲間であるオフタルモサウルスの化石に残された眼の部分の構造を調べた結果、ネコと同じくらいの光の感受度をもっていたと推測されている。これにより、イクチオサウルス類は、光が届きにくい海中深くでも視力を用いて活動できたと考えられている。

また、化石の産出状況から、9000万年前の白亜紀後期に姿を消したと思われるが、なぜ恐竜よりも先に絶滅したかは謎のままだ。

約2億1000万～1億8500万年前

首長竜プレシオサウルス

首長竜は短い尾、胴体から伸びるヒレ状の四肢が特徴の海棲爬虫類だ。三畳紀後期に出現したプレシオサウルスは、中生代の海で大繁栄した首長竜のなかでもっとも初期に出現した種類である。全長は約3・5メートル。魚類を主食とし、アンモナイトやオウムガイなどの軟体動物、海面近くに飛来する翼竜やほかの海棲爬虫類も捕食していた。

2011年、別の種類ではあるが、同じプレシオサウルス類の化石に幼体の骨格が確認され、繁殖様式は胎生だったと結論付けられた。その幼体の体長は約1・5メートルと大きかったことから、一度の出産で1匹しか産めなかったのではないかと推測され、同じく少産のクジラように、群れをつくって子育てをしたのではないかとする説もある。

なお、1968年、福島県いわき市で発掘されたフタバスズキリュウ（学名：*Futabasaurus suzukii* フタバサウルス・スズキイ）は、日本国内で初めて発見された白亜紀の首長竜でプレシオサウルス上科エラスモサウルス科に属する。

アロサウルス　*Allosaurus*
ジュラ紀、強力な捕食者として知られるアロサウルスの全身復元骨格。大きな頭部や鋭い歯から、白亜紀のティラノサウルスを連想させる肉食恐竜だ。

時はジュラ紀、アロサウルスが群れでステゴサウルスに襲いかかっている。ステゴサウルスもけっしてやられるだけでなく、尾の先についた2対4本のトゲ（スパイク）を使って反撃していたようだ。
©Stocktrek Images/amanaimages

ステゴサウルス *Stegosaurus*
ジュラ紀後期〜白亜紀前期に生きた剣竜類と呼ばれる恐竜の代表格。背の低いシダ植物を主食とした草食性で、背中にある骨質の板は互い違いに並んでおり、体温調整や仲間・異性へのディスプレイなどに役立っていたと推測されている。
©Alamy/アフロ

1億5500万〜1億4000万年前

ジュラ紀の王者アロサウルス

アロサウルスは、ジュラ紀後期に強力な捕食者として君臨した全長8・5メートルにもなる肉食獣脚類だ。同じ肉食恐竜として白亜紀のティラノサウルスと比べられる場合が多いが、体は細身でひと回り小さかった。ただし、最大20センチメートルある前脚のかぎ爪はティラノサウルスよりも長く、この上にケラチン質の爪があったはずだから、爪は狩りの際に効果的な武器であったろう。眼窩上の三角形の角は、個体によって形状が異なるので、繁殖期にメスをひきつけるような役割があったのではないかと考える研究者もいる。

長さ5〜10センチメートルほどの歯は、薄いナイフのような形をしていた。頭骨自体は横方向の厚みがないため、ティラノサウルスと比べて咬合力(こうごうりょく)は弱かったと推定されるが、歯の鋭さと首と頭部の強力な筋肉で獲物を振り回し、アゴを大きく開いて肉を切り裂いたようだ。また、体重が軽かったため走るスピードも速かったと推測され、獲物の竜脚類にとっては、恐ろしい天敵だったはずだ。また、集団で狩りをしたという説もある。

1億5500万〜1億4000万年前

戦う草食恐竜ステゴサウルス

ステゴサウルスは、ジュラ紀後期から白亜紀前期にかけて生息した体長7メートルほどの草食の剣竜類だ。最大の特徴は、背中に互い違いに並んでいる骨質の板で、近年、この骨板をCTスキャンなどして分析をした結果、表面に細かい血管が走っていると判明。これは、骨板を使って体温を調節していたという従前からの仮説を裏付けた。また、体の成長にともない骨板も成長していたことがわかっている。これは、板を、異性を引き寄せるディスプレイや仲間に対する示威行動などに使っていた可能性を示している。

尾の先にある2対4本の円錐状の棘（スパイク）は、骨質板と比べて内部が緻密で固く、身を守る武器となった。実際、スパイクが刺さった跡のあるアロサウルスの腰骨の化石が見つかっている。捕食者に襲われた際、骨質板を利用して威嚇しながら尾を振り回したと考えられている。他方、ステゴサウルスは、構造上、咬む力が人間の約3分の1と推察され、頭の位置も低いことから、主食はやわらかなシダ植物だったと思われる。

プテロダクテュルス

Pterodactylus

大きな頭部、長い首、短い尾が特徴的なジュラ紀後期の翼竜。ラムポリュンクスの歯は隙間が多かったのに対し、こちらはびっしりと生えそろっていた。翼開長は約1メートル。

ラムポリュンクス（ランフォリンクス）
Rhamphorhynchus
ジュラ紀後期に現れた、小さな頭部と先端に「うちわ」のような膜（板）がついた長い尾が特徴の翼竜。肉食性で翼開長は約2メートル。ドイツで状態のよい化石が見つかっている。

ブラキオサウルス　*Brachiosaurus*
全長22メートルにも達した巨大な草食恐竜で竜脚形類の主要メンバーである竜脚類の一種。後脚よりも長い前脚が特徴的。近年、アフリカから発見された「ブラキオサウルス・ブランカイ」がブラキオサウルス属とは異なることが判明し、ブラキオサウルス属に近縁のギラッファティタン属に移され「ギラッファティタン・ブランカイ」と名称変更された。なお、ブラキオサウルスの名称の基準となっているのは、アメリカで発見された「ブラキオサウルス・アルティソラックス」である。

1億5500万～1億4000万年前

超巨大草食恐竜ブラキオサウルス

竜盤類のうち、小さな頭や長く発達した首と尾が特徴的なグループが竜脚形類だ。初期の竜脚類は三畳紀中期以降に見られるが、時を経るごとに首が長くなり胴体は巨大化していった。地球史上、最大の動物として知られ、例外もあるが基本的には草食性だ。

ブラキオサウルスはジュラ紀後期から白亜紀前期にかけて生息したその代表種。全長は約22メートルに達し、前脚が後脚より長く、高所の植物を食べるために発達したと考えられる長大な首をもつ。かつては体重が80トン以上と推測され、巨体を支えるためにも水中で首を伸ばして生活したとされていた。ところが、首の骨の形状や、横隔膜がないため水中では水圧で肺を膨らませられず呼吸が困難なこと、頭の先まで血液を送る血圧をつくり出せる大きな心臓をもっていなかったことなどがわかり、水中生活者との考えは否定されている。また、首を垂直にもち上げるられなかったことも判明。なお、竜脚類などの巨大恐竜は、鳥類に見られる気のうのような構造を発達させ体を軽くしていたと見られている。

1億5500万〜1億4000万年前

ジュラ紀、大空に飛ぶ2種の翼竜

三畳紀中期頃、恐竜に至る系列と分かれ独自の進化を遂げたのが翼竜類だ。翼竜は頭が小さく尾が長いラムポリュンクス類と、頭が大きく尾が短いプテロダクテュルス類に大別できる。前者はジュラ紀後期に出現し、翼開長は約2メートル。嘴には外向きに生えた鋭い歯があり、化石の胃の内容物から魚や小動物を捕食していたと見られる。尾の先の「うちわ」のような膜は、飛行時の方向舵だったようだ。後者もジュラ紀後期に生息した翼竜で、翼開長1メートルほどの小型種。ラムポリュンクスは歯と歯のあいだに大きな隙間があったが、プテロダクテュルスは長いアゴに260本ほどの小さな歯を密生させていた。

中生代の空の覇者であった翼竜は、のちの鳥類とはどう違うのか。たとえば、翼竜は体温を維持する羽毛をもっていたとされるが翼そのものは皮膚の膜でできていた。他方、鳥類の翼は軸に対して非対称の風切羽根を備えていた。164ページで後述するアルカエオプテリックス（始祖鳥）も、風切羽根をもっていたようである。

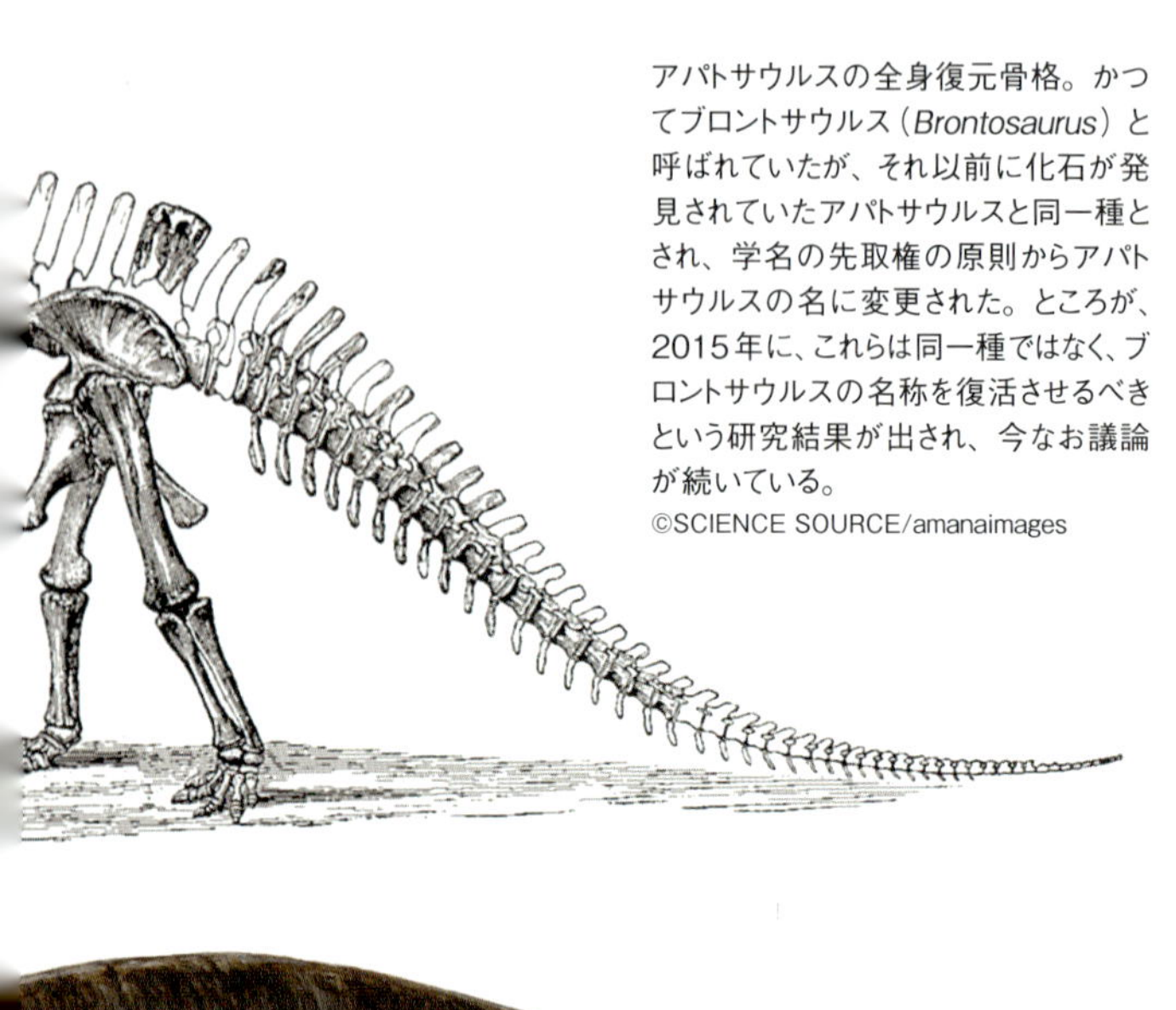

アパトサウルスの全身復元骨格。かつてブロントサウルス（*Brontosaurus*）と呼ばれていたが、それ以前に化石が発見されていたアパトサウルスと同一種とされ、学名の先取権の原則からアパトサウルスの名に変更された。ところが、2015年に、これらは同一種ではなく、ブロントサウルスの名称を復活させるべきという研究結果が出され、今なお議論が続いている。

アパトサウルス *Apatosaurus*

全長20メートルを超える竜脚類。草食性でやや太い首をもち、全体に頑丈な体つきをしていたようだ。また後脚の3本と、前脚の親指には「かぎ爪」があった。

アパトサウルスに近縁なサルタサウルス（*Saltasaurus*）の卵の化石（表側）。サルタサウルスは白亜紀後期（約6600万～7000万年前）、現在のパタゴニア（アルゼンチン）に生息。卵の直径は約20センチメートルで、表面には粗い粒状の構造が見られる（写真:岩見哲夫）。

約1億5000万年前

アパトサウルスとブロントサウルス

アパトサウルスは、約1億5000万年前のジュラ紀後期に出現した、全長20メートルを超える大型草食恐竜である。長い首と尾が特徴の竜脚類と呼ばれる仲間だ。

竜脚類が巨大化していった理由としては、獣脚類といった強力な捕食者に対抗するため、とくに身を守る武器をもっていなかった竜脚類は体を大きくする方向へ進化したものと考えられている。その成長スピードについては、1日に体重が15キログラムも増えていたという説もあり、生まれてから約13年で一人前の成体になっていた可能性も指摘されるほど。

しかし、速い成長のためにはより多くの食料が必要だ。竜脚類は、歯がアゴの前部にしかないので、引きちぎって丸呑みした植物を体内で時間をかけて消化しなければならない。そのため、長大な消化器官を収める、巨大な体になったとも考えられている。つまり、巨大化するには、さらに巨大な体が必要だったのである。また、巨大な竜脚類は多量の酸素を必要とする。そこで、骨の内部に空洞を形成し、鳥類の気のうと呼ばれる空気の袋と同じような効果を生み出したと考えられている。このような空洞は、骨に空間をつくるので体重の軽減にもひと役買ったものと思われる。

じつはこのアパトサウルスは、最初はブロントサウルスという名で知られていた。アパトサウルスは1877年に記載・報告されていたが、1903年、アメリカ・フィールド自然史博物館が再調査した結果、1879年に命名されていたブロントサウルスは、アパトサウルスの若い個体にすぎないと判断。学名には先取権の原則があるので「アパトサウルス」が有効名となった。ただし、この博物館の調査結果はあまり一般に知られることはなく、世界中にブロントサウルスの名のほうが広まってしまい、その名が有名になってしまったのである。その後、アパトサウルスに先取権があることが知られるようになり、ブロントサウルスの名前は多くの本からも除かれることとなった。ところが、2015年、ポルトガルのヌエバ・デ・リスボン大学が、ブロントサウルスの骨格はアパトサウルスよりも華奢で、肩甲骨の一端が丸く膨張し、足首の骨も長い特徴をもつとした論文を発表。ブロントサウルスとアパトサウルスが、別種どころか、独立した別の属を構成すると提唱したのだ。この解析結果が正しいとすると、ブロントサウルスの名は再び市民権を得ることになる。はたして2種が同じ種なのか、別種なのか、現在も調査が続けられている。

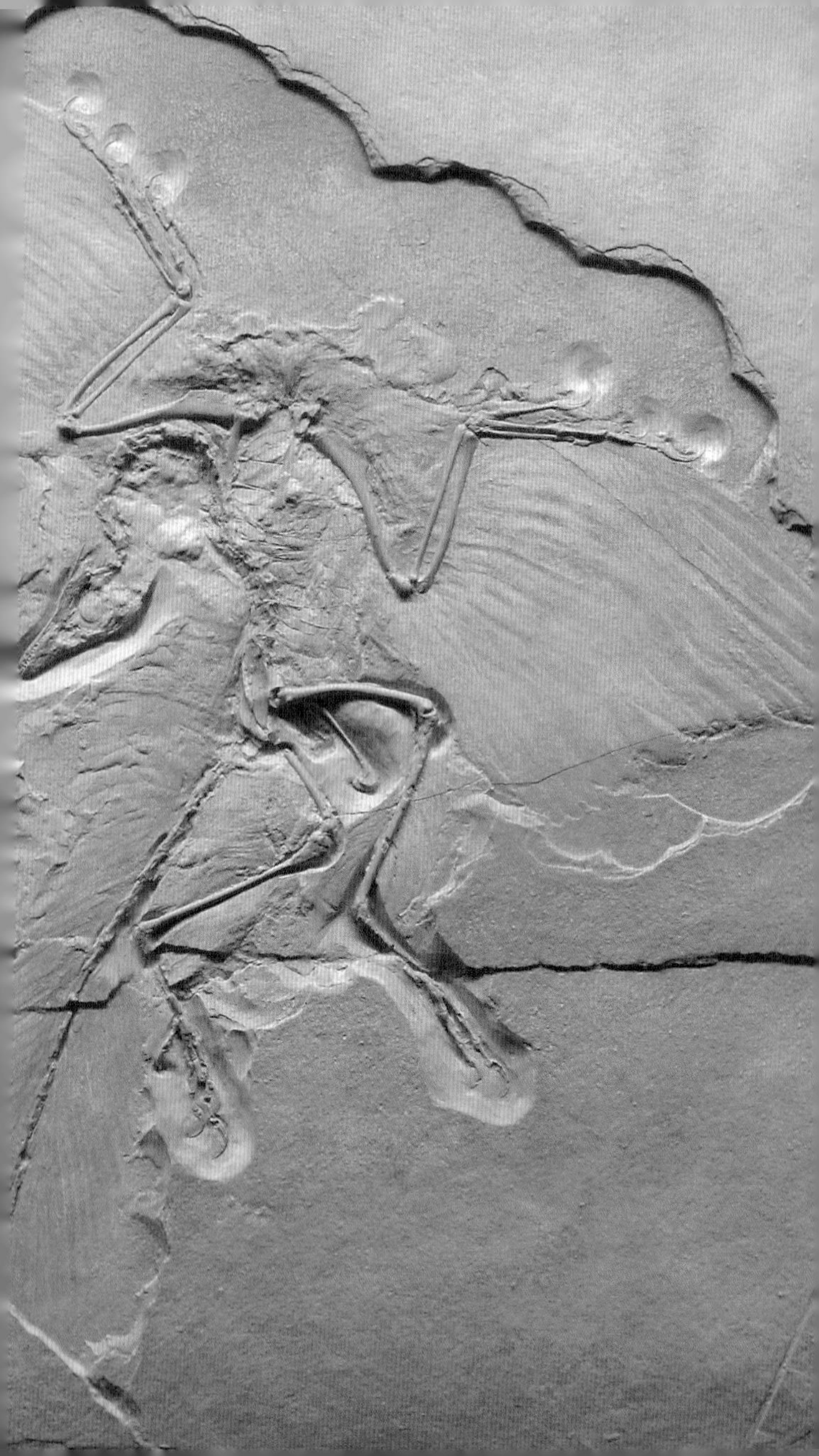

ユラマイア（ジュラマイア） *Juramaia sinensis*
恐竜が出現した頃には誕生していた哺乳類は、発展した強力な捕食者（恐竜類）を避けるように、静かに進化の道を歩んだ。現在までに、真獣類と分類される胎盤をもつ哺乳類としては、このユラマイアが最古とされる。この小さな哺乳類の系列から人間が誕生するのである。
イラスト：ひらのんさ

アルカエオプテリックス（始祖鳥）
Archaeopteryx
1876年に発見され、現在、フンボルト大学自然史博物館（ドイツ）が所蔵する「ベルリン標本」と呼ばれるアルカエオプテリックスの化石。羽や頭部、足に至るまでほぼ完全な標本である。アルカエオプテリックスは、分類学上恐竜類を構成する獣脚類の1種として扱われている。

1億4500万年前

鳥類の祖アルカエオプテリックス

アルカエオプテリックス（始祖鳥）は、ジュラ紀に生息した最古の鳥類と考えられてきた。それが近年、ジュラ紀よりも新しい地層から鳥類の直接の祖先と考えられる羽毛恐竜の化石が次々と発見され、出現年代に矛盾が生じた。そのため、鋭い歯や翼の指といった恐竜の特徴と軽く丈夫な中空の骨や羽毛などの鳥類の特徴を併せもつアルカエオプテリックスは「ドロマエオサウルス類に属する獣脚類で、現生鳥類の祖先に近い動物」と扱われることが多い。鳥類自体も恐竜の仲間、獣脚類の1グループというわけである。

アルカエオプテリックスにも風切羽根はあるが、鳥類のように羽ばたくための大きな筋肉はなく、長時間にわたって強く羽ばたけなかったと考えられる。ただし、化石から再現された脳構造を分析すると、三半規管が現生鳥類と同じくらいに発達しており、すぐれた空間認識能力をもっていたようだ。つまり、アルカエオプテリックスは、地面から飛び立つのは難しかったが、樹木から樹木へと自在に滑空飛行することはできたようである。

1億6000万年前

有胎盤哺乳類ユラマイアの誕生

ユラマイア（ジュラマイア）は、1億6000万年前のジュラ紀の地層から化石が発見された最古の真獣類だ。真獣類とは、胎盤をもち、子どもを胎内にとどめて栄養を供給、一定の大きさまで発育した状態で赤ん坊を産む哺乳類のことで、ヒトも当然この真獣類の一種である。広義の哺乳類は、約2億2500万年前の三畳紀後期には誕生していたが、ユラマイアの誕生で、哺乳類は新たな進化の道に踏み出したのである。

近年の研究で、哺乳類が進化の過程である種のウイルスに感染し、遺伝子が変異したことで胎盤が発達したのではないか考えられている。ユラマイアの体長は12センチメートルほどだったが、胎盤をもつことで、子どもが無事に生まれ育つ確率を高めた。また、繊細な手の指をもつことから、主として樹上で生活し、天敵の恐竜の脅威から逃れていたと考えられる。こうした能力を獲得したことで、ユラマイアは恐竜が生態系の頂点に君臨する時代を生き抜き、やがてヒトを含めた真獣類へつながっていったようだ。

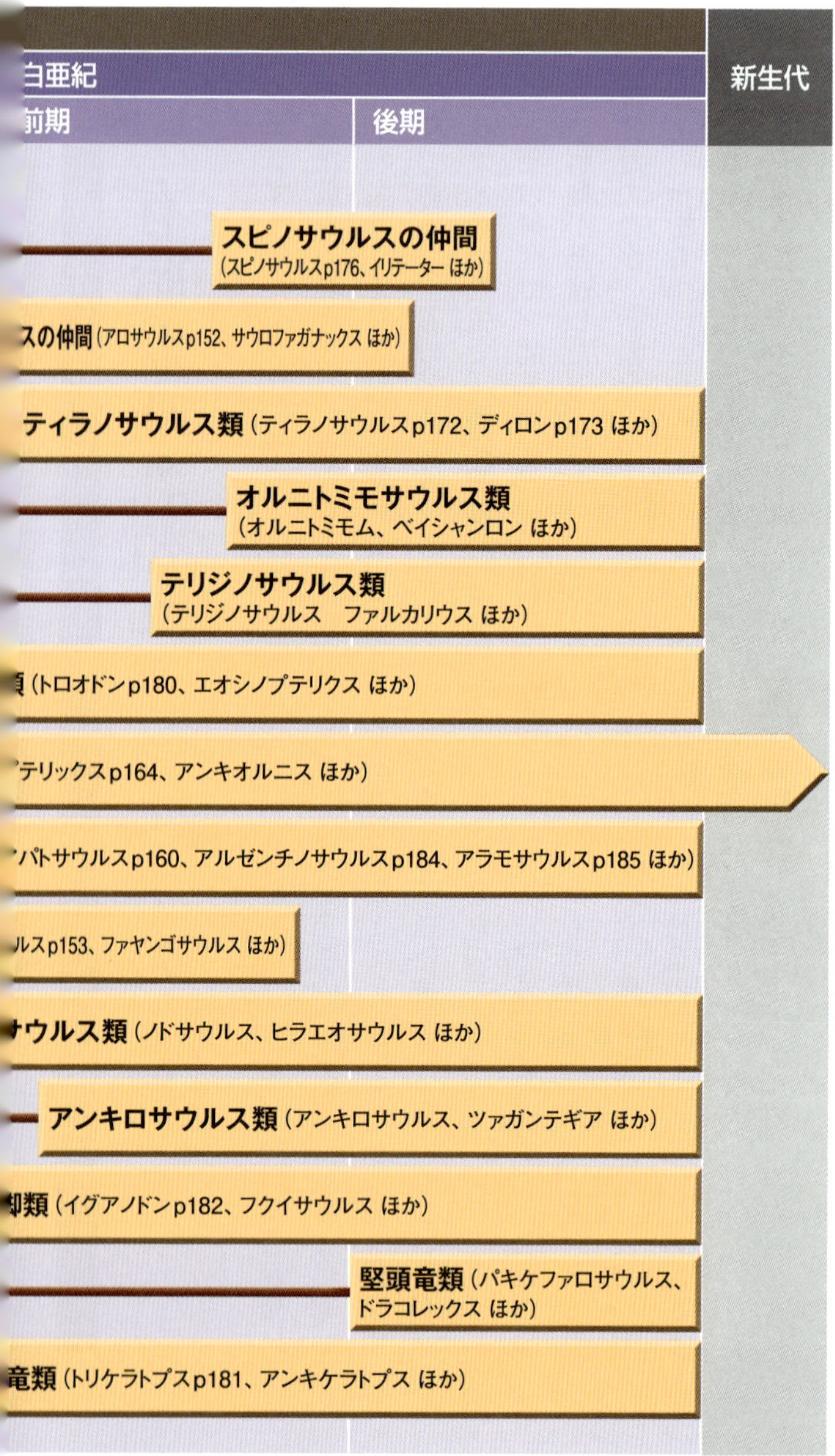

白亜紀		新生代
前期	後期	

スピノサウルスの仲間（スピノサウルスp176、イリテーター ほか）

スの仲間（アロサウルスp152、サウロファガナックス ほか）

ティラノサウルス類（ティラノサウルスp172、ディロンp173 ほか）

オルニトミモサウルス類（オルニトミモム、ベイシャンロン ほか）

テリジノサウルス類（テリジノサウルス　ファルカリウス ほか）

類（トロオドンp180、エオシノプテリクス ほか）

テリックスp164、アンキオルニス ほか）

パトサウルスp160、アルゼンチノサウルスp184、アラモサウルスp185 ほか）

ルスp153、ファヤンゴサウルス ほか）

サウルス類（ノドサウルス、ヒラエオサウルス ほか）

アンキロサウルス類（アンキロサウルス、ツァガンテギア ほか）

脚類（イグアノドンp182、フクイサウルス ほか）

堅頭竜類（パキケファロサウルス、ドラコレックス ほか）

竜類（トリケラトプスp181、アンキケラトプス ほか）

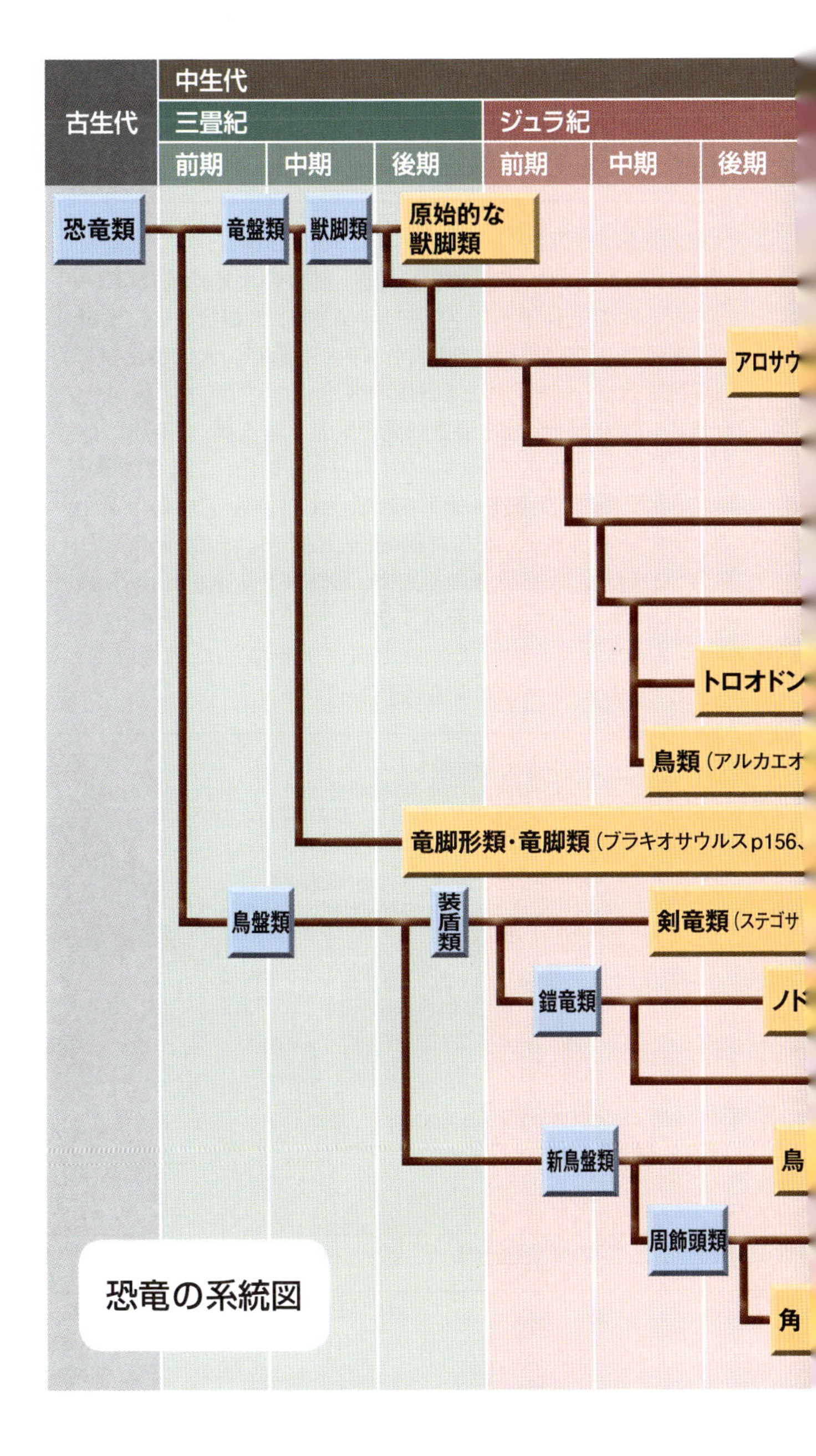
古生代
中生代
三畳紀
ジュラ紀
前期
中期
後期
前期
中期
後期
恐竜類
竜盤類
獣脚類
原始的な獣脚類
アロサウ
トロオドン
鳥類（アルカエオ
竜脚形類・竜脚類（ブラキオサウルスp156、
鳥盤類
装盾類
剣竜類（ステゴサ
鎧竜類
ノド
新鳥盤類
鳥
周飾頭類
角
恐竜の系統図

「P-T境界大量絶滅」とは？

約2億5200万年前、ペルム紀（Permian）と次の三畳紀（Triassic）のあいだ（P-T境界）に史上最大の大量絶滅は起こった。マントルの上昇流「スーパープルーム」が、大規模な火山活動を引き起こしたのが原因とする説が有力だ。最初に火山噴出物が太陽光を遮り、長期にわたる気候の寒冷化をうながした。続いて、大量の二酸化炭素による温室効果で気温が急上昇。同時に、酸性化した海洋に存在するメタンハイドレートも気化し、温室効果を増進させながら酸素濃度を低下させた、というもの。この環境悪化で、全生物種の90～95%が絶滅したとされる。そのいっぽうで、気のうを獲得していた恐竜の祖先や、横隔膜を発達させ、哺乳類の先祖となった単弓類らが発展するきっかけとなった。大絶滅は未来を生み出す事件でもあったのだ。こうした大量絶滅は、顕生代（約5億4200万年前～現在）に5回起こっている。

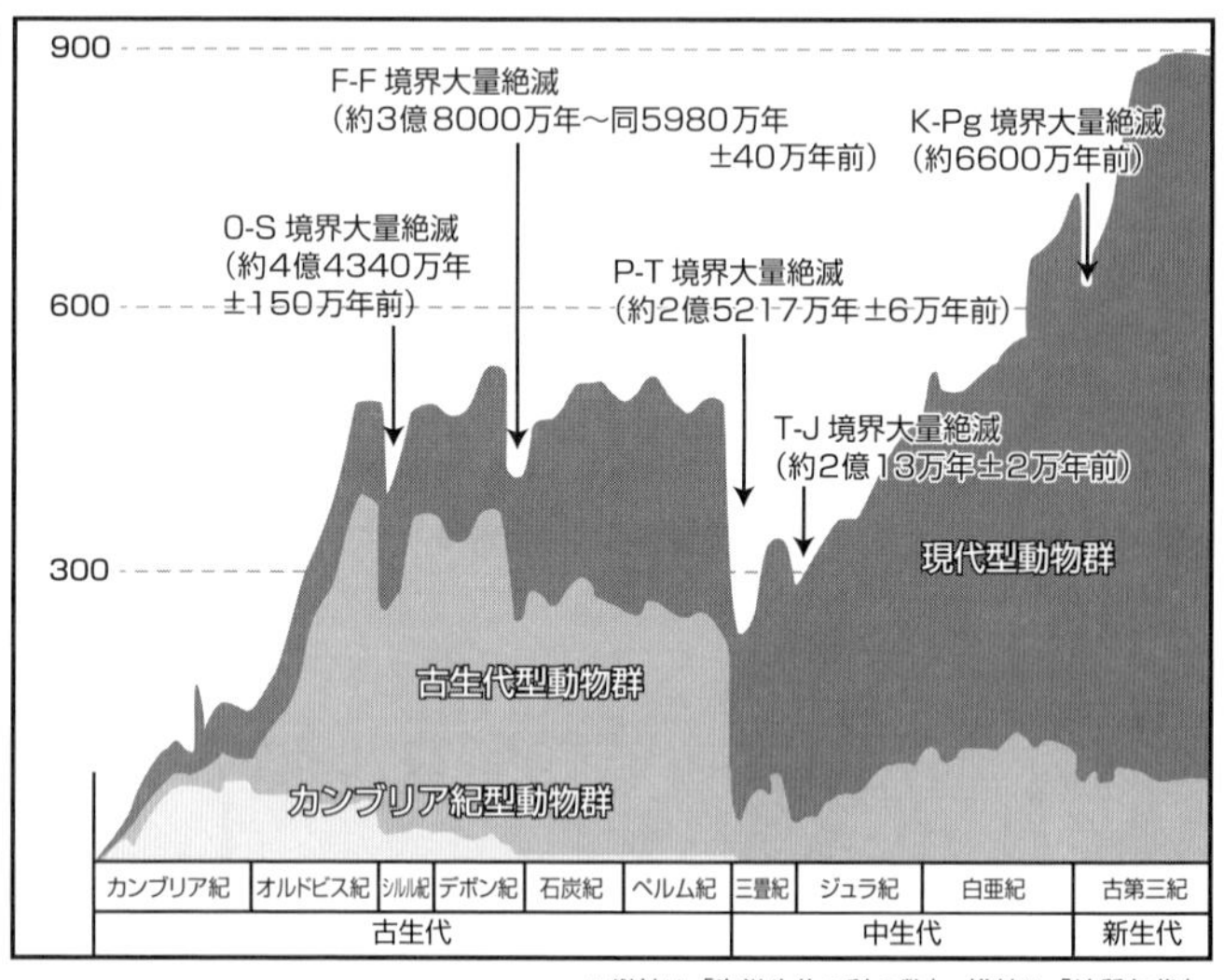

※縦軸は「海洋生物の科の数」、横軸は「地質年代」。

第7章

白亜紀の生物

約1億4500万〜約6600万年前

ティラノサウルス　*Tyrannosaurus*

ティラノサウルスの全身骨格標本（レプリカ）。大きな頭部、ステーキナイフにたとえられる鋭く大きな歯、ハンマーのような形状の恥骨、3本の骨がぴたりと合わさった丈夫な構造をした足の甲の骨など、どれも大迫力だ。近年、ティラノサウルスに近い、ナヌークサウルスと呼ばれる小型種の化石がアラスカで発見されるなど新発見や研究は今も続いている。

所蔵：神奈川県立生命の星・地球博物館（撮影：村上裕也）

蛍光ランプ

約6850万～約6600万年前

恐竜界最強のティラノサウルス

長期にわたって温暖で湿潤な気候が続いた白亜紀で、単弓類やクルロタルシ類の地位にとってかわったのが恐竜類である。そして白亜紀に登場し、生態系の頂点に君臨した恐竜がティラノサウルス（チュランノサウルス）だ。成体の体長は約11～13メートル。頭骨長は約1・5メートルで、ほかの近縁恐竜類と比較して体の大きさに比べ頭部が大きく、強力なアゴを備えていた。ステーキナイフのようなギザギザ（鋸歯）がついた歯は、最大30センチメートル以上もあり、獲物の肉を引き裂く武器になった。獲物になったと推測される恐竜の化石の多くに噛み砕かれた跡があることから、咬合力は、現在生きているどの動物よりも強く、最大8トンほどあったと推測されている。

また、ほかの肉食恐竜と比べて脳容量が大きく、目が前を向いていることから、獲物を狙う際に立体視が可能で、数キロメートル先まで視認できたとする説もあるほど。脳のうち嗅覚を司る部分も発達しており、かなり遠くから獲物を捕捉できたと思われている。ただし、指が2本の前肢は非常に小さく、なぜそんなサイズになったのかは未解明だ。

ところで、ティラノサウルスに羽毛があったとする説ある。初期のティラノサウルス類のディロンの化石に、羽毛が残っていたことから推測されたもので、ティラノサウルスの羽毛化石が発見されたわけではない。また、ティラノサウルスと思われるウロコの化石も発掘されており、いまだ議論は続いている。有力視されているものに、幼体には羽毛があったが成体になると抜け落ち、背中などの一部分にだけ残ったとする説がある。歩行速度は、競走馬を超える時速70キロメートルはあったとする説から、走らず歩くだけで、おもに死んだ恐竜を獲物にするスカベンジャーだった説までさまざま。こうした混乱は、歩行速度を推測するための状態がよい足跡化石が見つかっていないことも一因である。

また、若いときに両足の骨が折れ、それが癒着したのちも成長していた化石が発見されている。これは動けなかった時期に、別の個体が食糧を運んでいたことを示唆しており、家族または同種族でお互いにケアをする集団を構成していた可能性もある。ここから狩りの局面では、若い個体が獲物を追い込み、待ち伏せした成体がとどめを刺したとする、集団ハンティング説も生まれた。いっぽうで「共食い」の証拠となる化石も見つかっていて生態には謎が多い。恐竜時代の王ティラノサウルスは、白亜紀末の大量絶滅で絶滅した。

プテラノドン　*Pteranodon*
白亜紀を代表する翼竜、プテラノドン・ロンギケプスの全身骨格標本。翼を支えているのは「伸びた4本目の指」だ。プテラノドン属はトサカの形状からロンギケプスとスタンベルギの2種あるとされるが、後者の標本がいまだ1体しか知られていないこともあり、スタンベルギはロンギケプスの変異個体ではないかとする意見もある。魚類を食べていたと考えられ、オスはメスよりも後頭部にあるトサカが大きく発達していたとする意見もある。
所蔵：神奈川県立生命の星・地球博物館（撮影：村上裕也）

スピノサウルス
Spinosaurus
胴体部分の神経棘が長く伸び、高さは1.5メートルにもなっていた。そこに皮膚の薄膜が張っていたと考えられる。現在のアフリカ大陸北部に生息していた。1912年、エジプトで発見された最初の化石は戦争で失われ、それ以降、部分的な化石しか見つかっていない。

円錐形をした「スピノサウルスの歯」の化石。アフリカ大陸北部の水辺に生息し、おもに魚類を食べていた。この標本は先端が壊れているが、実際は尖っていた。

約1億1200万～約9700万年前

魚好きな棘恐竜スピノサウルス

白亜紀前期から後期の初めに生息した最大級の獣脚類がスピノサウルスだ。成体の全長は15～17メートルもあり、ティラノサウルス以上の大きさを誇る。最大の特徴は高さ1・8メートルもの胴体部分の神経棘だ。成体では骨の列を皮膚と筋肉が覆い、ヨットの帆のような形をしていたと考えられる。役割は、体温調整のためとする説がある。

大きさ約2メートルにもなる頭部はワニのように細長く、水中で動かしやすい構造になっている。歯の形状も魚食性の現生する魚食性のワニに似て円錐形で、縦に筋が入っており、魚を好んで食べていたと考えられている。実際、化石は当時、水辺とされる場所からしか発見されていない。2014年、シカゴ大学は、スピノサウルスの後脚は水中生活に適応するため、これまでの復元骨格よりも短く、陸上では前脚をついて四足歩行していたとする説を発表し議論を呼んでいる。生態が謎に包まれているのは、研究の基礎となる最初にエジプトで見つかった化石が、第二次世界大戦の戦禍で破壊されてしまったためだ。

約8930万～約7400万年前

白亜紀の空の覇者プテラノドン

プテラノドンは、白亜紀後期に生息していた翼竜の一種だ。当時、北アメリカの中央部にあった海の海岸線沿いに暮らしていた。翼竜は、三畳紀中期以前に主竜類から分岐したグループであり、恐竜に近い系統の爬虫類である。

翼開長は5～8メートルあるが、骨格は軽量で推定体重は中型犬と同程度の約20キログラム。翼は膜状の皮翼でできており、現生の鳥類のように、羽ばたけるような構造になっておらず、空気の流れに乗って滑空していたと考えられている。化石の胃の部分から、多くの魚の化石が見つかっていることから魚食性と思われ、水面近くを滑空し、長い口先で魚を捕えていたとされる。また体の色は、現在の海鳥が捕食する水中の魚類から見えにくくするのと同様に、白色だったとする説もある。

北アメリカに生息していた同じアズダルコ類のケツァルコアトルスは、翼開長が12メートルにもなる最大の翼竜で、これも魚類や小動物を捕食したと考えられている。

トロオドン
Troodon
白亜紀後期、現在の北アメリカに生息していた獣脚類。鳥類に近いグループで、体躯に対して大きな脳をもつことから「もっとも賢い恐竜」ともいわれる。後肢についたカギ爪は、引っ込めることもできたと見られる。また、近縁種の研究から、トロオドンの仲間は全身が羽毛に覆われていたとする説もある。

トリケラトプスの全身骨格の複製標本（ロサンゼルス郡自然史博物館所蔵）。トリケラトプスの名は頭部に生えた3本の角に由来する。

トリケラトプス *Triceratops*
角竜類は現在のアジア大陸で誕生したと考えられている。それが白亜紀後期、ベーリング陸橋でつながっていた北アメリカ大陸へと移動、新しい環境に適応していくなかで角竜類最大種として大型化したのがトリケラトプスだ。

約7400万〜6600万年前

肉食？ 草食？ 謎多きトロオドン

トロオドンは白亜紀後期に生息していた獣脚類だ。完全な化石は見つかっていないが、全長は2メートル程度と推測される。歯に肉食恐竜特有の鋸歯縁（きょしえん）が見られるが、いっぽうで、草食恐竜ステゴケラスの歯の形がトロオドンに似ていたため、雑食または草食だったとの説もある。親と卵の巣の化石から推測するに、繁殖方法はワニ類や鳥類に似ており、一定周期で産んだ2個の卵を温めて孵化させていたと考えられている。これはトロオドンが、その後に進化した鳥類を結ぶ移行期の存在だった可能性を示している。

トロオドンはまた、体のサイズに対して大きな脳容量をもち、「もっとも賢い恐竜」ともいわれている。目は正面を向き、立体視する能力があったと推測され、向かい合った3本指の前脚をもつ。目や指の特徴が知能の高い哺乳類に似ていることから、1982年には、トロオドンが滅びなければ知的生物の恐竜人間ディノサウロイドに進化したかもしれない、というユニークな仮説が発表されて話題となった。

約7000万～6600万年前

3本の角とフリルをもつトリケラトプス

白亜紀後期、北米に生息していたトリケラトプスは草食性の角竜類（つのりゅうるい）で、全長8メートル、体重9トンの大型恐竜だ。最大の特徴は、両目の上から伸びた2本の角と鼻先にある短い1本の角、そして、弱点の首を隠すように後頭部の骨が大きく張り出したフリル（えり飾り）。なお、トリケラトプスの名は「頭の3本の槍」が由来になっている。

また、角竜類の特徴として、上アゴの先端にある吻骨（ふんこつ）というとがった骨、横に張り出した前肢がある。とくに前肢の形状は、じつに不都合に思えるのだが、現在では、横に張り出した前肢を、脇を締めるようにして立っていたと考えられている。

近年、トロサウルスは成熟したトリケラトプスであるとする説が発表された。両者の化石が同じ地層から見つかること、トリケラトプスのフリルの一部分は成長とともに薄くなり、トロサウルスのそれに似ていくことなどがその理由である。しかし、両者のフリルの縁の形状が異なることなどから疑問視する声もあり、現在もまだはっきりしていない。

1億4500万〜1億2600万年前

恐竜の存在を教えてくれたイグアノドン

　イグアノドンは、白亜紀前期に出現した草食恐竜だ。馬のように細長い頭は大きく、食料である植物をむしり取るのに適した角質性の嘴を備えていた。また、多くの歯をもつことから、硬い植物でも咀嚼（そしゃく）できたと考えられている。

　体重が軽い幼体のうちは二足歩行で、成体になると四足歩行になると推測され、群れで生活していたようだ。体にまつわる大きな特徴は、前肢親指にある長さ15センチメートルほどの円錐状をした鋭いスパイク。研究当初は、捕食者に対抗する武器と思われていたが、今では、好みの植物を食べるための道具だったとする説が有力である。

　イグアノドンの化石発見は、恐竜という呼び名がなかった１８２１年のことだった。イギリス人医師のギデオン・マンテルが、工事で掘り返された道路で巨大化石を発見。その後、爬虫類のイグアナの歯と化石の特徴が一致することを見出し、古代の巨大な爬虫類の化石として「イグアナの歯」を意味する学名イグアノドンと命名した。そしてこのイグアノドンこそは、恐竜の学術的な研究の第一歩となった。

マンテルは、イグアノドンが鼻先の角と長大な尾をもつイグアナのような生物で、体長は70メートルにもなったと考えた。1851年、ロンドンで開催された万博の目玉として、ハイド・パークに建てられた水晶宮には、このイグアノドン実物大模型が展示され世界中を驚かせている。1878年、ベルギーのベルニサール炭鉱から24体もの化石が発見され、全身骨格が手に入り、マンテルの復元図は大幅に修正されることになる。また、この発見によって、イグアノドンは河岸や湖畔などをおもな居住地とし、群れで暮らしていたと推測されるようになった。

イグアノドン *Iguanodon*
前肢の親指には、植物を食べるための道具として使っていたと考えられる鋭いスパイクがある。なお、学術的に研究された最初の恐竜はイグアノドンだが、命名された最初の恐竜はメガロサウルスである。

約1億1200万~約9350万年前

史上最大級のアルゲンチノサウルス

白亜紀前期末から後期初頭に生息していた、史上最大級の竜脚類（ティタノサウルス類）がアルゲンチノサウルスだ。学名は発見地に由来し「アルゼンチンのトカゲ」を意味する。発見された化石は6個の脊椎骨、不完全な肋骨、脛骨、仙骨など一部だが、1個の脊椎骨の長さが130センチメートル、脛骨は155センチメートルほどあり、ここから推測すると、全長は最大で36メートル、体重は約90トンもあったと考えられている。

歩く速さは時速7~8キロメートル程度と推測され、肉食恐竜にとっては発見しやすい獲物だった。しかし、その巨大さには捕食者も簡単には攻撃できなかったと思われる。また、巨体を支える背骨の大きな突起には巨大な筋肉がつき、骨同士が堅固につながり、脊柱の動きは柔軟ではなかったようだ。こうした骨の構造や太い胴体などは、ジュラ紀のブラキオサウルスやアパトサウルスなどに似ているが、直系の子孫というわけではない。

約1億1200万〜約6480万年前？

大量絶滅を生き延びた⁉ アラモサウルス

アラモサウルスは、白亜紀後期に生息していた代表的な竜脚類である。白亜紀末、海に隔てられていた南北アメリカ大陸が、大陸移動によって陸続きになったときに、南から北へと渡ってきた。草食で、細長い鉛筆のような歯で植物をかみ砕いて食べていたとされる。発見された化石は一部で、完全骨格はなく、頭骨もまだ見つかっていない。そのため、全長ははっきりしていないものの、発見されている部分から推定して全長は約30メートルあったと思われる。アメリカ・テキサス州で1頭の成体と若い個体2頭が同じ場所で発見されたことから、家族単位の群れで暮らしていたとも考えられている。

アラモサウルスは、北米で最後まで生き残った恐竜とされる。それは2011年、ニューメキシコ州で発掘された大腿骨の化石をウラン・鉛法で年代測定した結果、約6480万年前のものと推定されたことによる。これは中生代と新生代の境目、K－Pg境界の120万年後。すると、アラモサウルスは白亜紀の大量絶滅を生き延びたことになるが……。

アルゲンチノサウルス *Argentinosaurus*
全身化石は見つかっていないが、発見された骨の大きさから全長は最大で36メートルあったと考えられている史上最大級の恐竜（竜脚類）。巨体ゆえに体温が高く、平熱で48℃あったとする研究者もおり、巨大恐竜の生態は謎めいている。写真の復元標本は、アメリカのジョージア州アトランタにあるファーンバンク自然史博物館所蔵。

アラモサウルス　*Alamosaurus*

全身の化石が見つかっていないこともあり、かつては体長21メートルと推定されていたが、2011年、巨大な頚椎と大腿骨などから全長30～35メートル級と改められている。写真の復元標本は、アメリカのテキサス州ダラスにあるペロー自然科学博物館所蔵。6600万年前以降の化石が発見されているので、白亜紀末の大絶滅を生き抜いた可能性が指摘されているが、今のところはっきりしていない。

約9900万〜6600万年前

白亜紀の首長竜エラスモサウルス

エラスモサウルスは、白亜紀後期の北アメリカに生息した海棲爬虫類の首長竜で、分類学上、恐竜類ではない。全長は12メートルに達したとされるが、その半分は「長い首」だ。哺乳類はヒトもキリンも頸椎の数は7個だが、エラスモサウルス類のアルベルトネクテスという種の化石には75個もの頸骨があった。つまり、長い首は骨の数に起因していると考えられている。また、エラスモサウルスは首を伸ばして抵抗を軽減することで速く泳ぎ、魚やイカなどの獲物を捕まえる際、首を自在に動かしたとされる。化石の胃の部分からは、しばしば磨かれた石が発見される。形状から、石は海岸近くで飲み込まれたと思われるが、恐竜類化石で見つかる、飲み込んだ食料をすりつぶして消化を助ける「胃石」とは用途が異なるようだ。90年代に行われた日本の研究で、胃石と同じ場所で見つかったイカのアゴ（カラストンビ）が無傷だったことから、浮力を調整するための重しではないかと推測されている。骨格上、上陸が困難と推定され、繁殖形態は卵胎生だったと考えられている。

9200万〜8800万年前

異常巻きアンモナイト、ニッポニテス

ニッポニテスは、白亜紀末の日本列島やカムチャツカ半島付近の海に生息していたアンモナイト（頭足類）だ。ニッポニテスは日本で産出する化石の代表格であり、実際、日本古生物学会のシンボルマークにも使われている。食性は肉食で、大きさは5・5センチメートルほど。同じ異常巻きのユーボストリコセラスの子孫とする説もある。

アンモナイトには、殻のらせんが規則的に見える「正常巻き」、規則性がないように見える「異常巻き」があるが、その異常巻きの代表がニッポニテスだ。ただし、正常も異常も遺伝子異常や病気ではなく、あくまでも見た目の話。また実際、ヘビのとぐろを思わせるニッポニテスの巻き方には規則性があり、数式化できることもわかっている。日本の研究では、ニッポニテスは平面巻き、右巻き、左巻きといった3種の成長プログラムをもち、成長する姿勢が上に向きすぎたときには右または左巻きを用いて姿勢を低くし、逆に下方向に向きすぎたときには、平面巻きに戻して姿勢を起こすことが示唆されている。

ニッポニテス・ミラビリス

Nipponites mirabilis

シルル紀（約4億年前）にオウムガイ類から分化したアンモナイトは、その後、白亜紀末までの約3億5000万年ものあいだ繁栄した。そのなか、わが国を代表する化石として知られているのが、異常巻きのアンモナイト、ニッポニテスだ。無作為に見える巻き方にはじつは規則性があり、同様の形状をした個体は数多く見つかっている。

エラスモサウルス

Elasmosaurus

75個ほどの頸骨からなる長い首は、全長の約半分、6メートル以上ある。体の構造上、水面から出せるのは頭だけで、上陸はより困難なため卵胎生であったと考えられている。おもに魚類やイカを食べていたことが胃の部分の化石からわかっているが、ときには翼竜も捕獲していたようである。

「虫入り琥珀」の謎

恐竜ファンが「虫入り琥珀」と聞いて思い出すのが、映画『ジュラシック・パーク』だろう。物語は、琥珀に閉じ込められた太古の吸血昆虫が吸っていた恐竜の血液から、DNAを取り出すことに始まる。これは、80年代後半にはDNAを増幅するPCR（ポリメラーゼ連鎖反応）法が発明され、絶滅した生物であっても少量のDNAがあれば、増幅して、その内容を解析することが理論的に可能になった事実を受けての作品だ。

実際、世界中の大学や研究機関が、古代DNAを取り出す作業をスタートさせていた。ところが、さまざまな研究者が成功例とした報告には、混入した現生する生物のDNAを間違って分析したものも多かったのだ。じつは、琥珀は気体をわずかに通す物質で、封入された昆虫は完全な密閉状態ではない。液体も100%遮断するとはいかないようなのだ。つまり、何千万年という長い時間のなかでは、琥珀中の化石は、酸素や水の影響を受けてしまうのである。加えて、酸化されて分解が進んだDNAは、PCR法を用いても再現が難しい。恐竜の時代よりもだいぶあとのものでも、DNA分析は難しいという結果も出ている。自然と映画の世界には、かくも隔たりがあるのである。だからSF映画なわけだけど……。

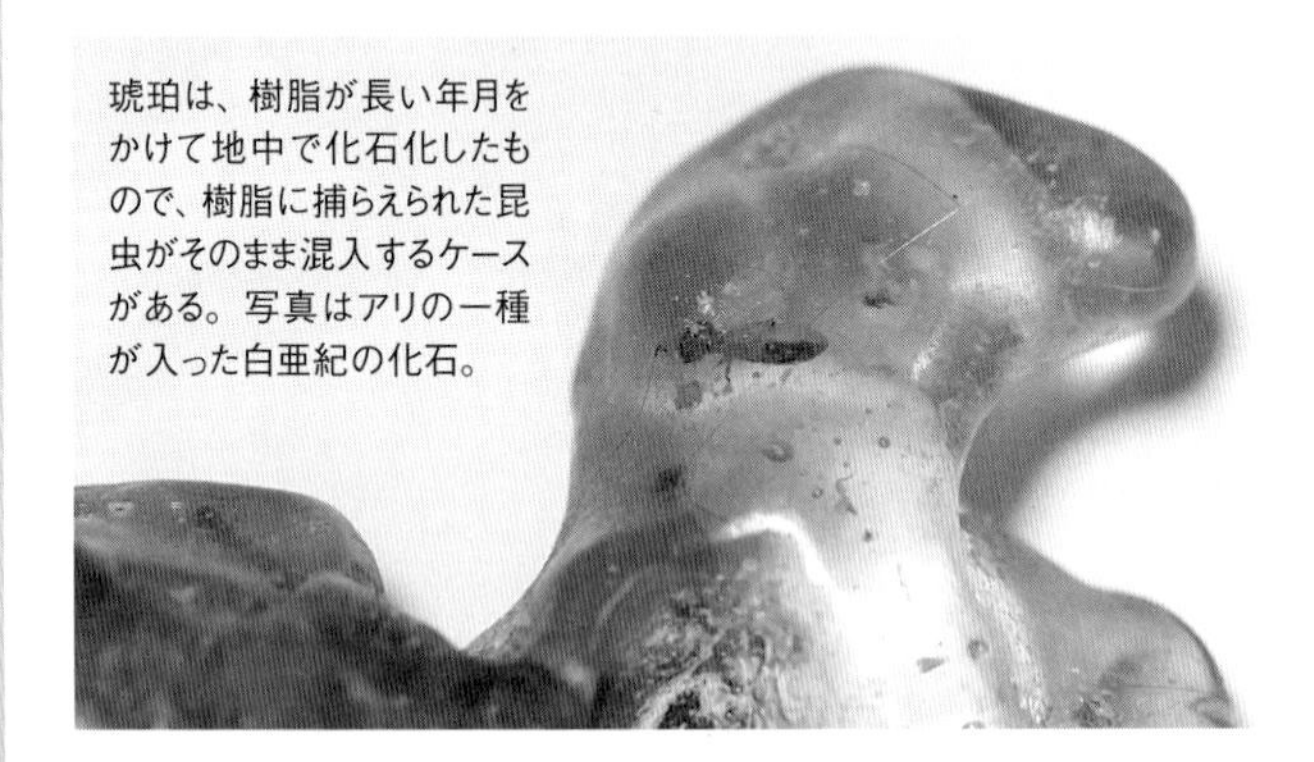

琥珀は、樹脂が長い年月をかけて地中で化石化したもので、樹脂に捕らえられた昆虫がそのまま混入するケースがある。写真はアリの一種が入った白亜紀の化石。

第8章

約6600万年前〜

新生代の生物

約6600万年前〜

新生代は大型鳥類の時代に始まる

約6600万年前、白亜紀末の大量絶滅を境に新生代へ突入する。そして、過酷な環境変動を生き延びた哺乳類や鳥類は、それまで恐竜が占めていたニッチ（生態的地位）を奪い合うように、さまざまな環境に進出し「適応放散」を起こしていく。しかし、新生代初期は、まず大型鳥類が台頭した時代であった。のちに繁栄する哺乳類は、当時、ほとんどが草食や昆虫食で、大きさもネズミやネコなどの小動物ほど。以前の覇者だった大型爬虫類も、ワニ類は生き残っていたが生息地域は限定的だった。また、恐竜の一群で、獣脚類の派生種族である鳥類も多くが恐竜とともに滅びたが、生き残った一部のものが、現代の鳥類に連なる飛行能力をもったグループを形成していった。

別の鳥類のグループは、恐竜が占めていた陸上のニッチのなかで小さかった体を大きくさせ、やがては飛ぶことをやめた。それが、大きな頭をもつ、小型肉食恐竜に類似した恐鳥類である。当時まだ小さかった哺乳類をエサとし、大陸から隔絶していたアジアを除く

ディアトリュマ
Diatryma
新生代の暁新世から始新世にかけて、地上に君臨した恐鳥類の一種。体長は約2メートル。頑強な嘴で当時まだ小型だった哺乳類を補食していた。
©Science Photo Library/amanaimages

全大陸で大繁栄、ワニ類とともに生態系のトップに君臨した。

その代表種が体長2メートル、体重200キログラム以上、最大で500キログラムともいわれるディアトリュマだ。丈夫な頭骨と分厚い嘴は、獲物の骨を簡単に砕くほど強じんであったと考えられている。こうしてディアトリュマをはじめとする恐鳥類は、恐竜絶滅から約700万年で巨大化していった。なお、この時代には飛べない現生鳥類、ペンギンの祖先も出現している。

現生する哺乳類の多様性は新生代・始新世から始まった。同時に、暁新世に猛威をふるっていた恐鳥類が、肉食哺乳類の出現で黄昏の時を迎える。それまで獲物だった哺乳動物が大型の捕食者となり、飛べない恐鳥類は生存競争に負けて絶滅。こうして地上は哺乳類の時代に移行した。もちろん、飛翔性の鳥類は大空の覇者の地位を手にしていた。

約5000万年前

ヒュラコテリウムに始まったウマの進化

約5600万年前、始新世から哺乳類の大繁栄が始まった。そのうち現生するウマやバク、サイなどへと進化していくウマ目（奇蹄類）は約5000万年前に産声を上げた。現生するウマ科動物の最古の祖先、ヒュラコテリウムが登場したのである。生息地は、当時は陸続きだった、現在の北アメリカからヨーロッパ。エオヒップスという名称も広く知られたが、命名が古いほうを採用するという規則があり、正式名称はヒュラコテリウムだ。

ヒュラコテリウムは体長が約90センチメートル、体高が20～30センチメートルと現在の中型犬ほどのサイズ。前脚には4本、後脚には3本の指があった。現生のウマ目で3本指なのは、マレーバク（後脚のみ）やサイくらいで、現生のウマは1本である。

ウマ目はもともと熱帯林での生活に適応してきた動物であり、ヒュラコテリウムも木の葉や木の若芽、草の実など、比較的やわらかい植物を摂取していたようだ。その生息域や食性から、縄張りを有する単独生活者であったとも考えられている。始新世のあいだヒュラコテリウムは繁栄し、やがてウマ科のさまざまな属や種へと分岐、進化していく。

ウマ科の仲間が進化していく過程で見られる特徴は、歯の構造の変化だ。雑食性を示す短くて、でこぼこな大臼歯から、草食性哺乳類に共通する植物を磨りつぶすのに適した長く扁平な歯、さらに、下顎骨の大型化が顕著に見られるようになる。これは地球環境の変化、とくに乾燥化を抜きにしては語れない。葉を食べることに特化した歯を獲得したウマは、少なくなってきた森林地帯を出て、大草原での生活に適応していったのである。

始新世中期から漸新世後期、北アメリカに生息したメソヒップスは、脚の指は前後とも3本になり中央の指が肥大化するなど「走る」ための適応を見せ始めていた。

その後、中新世前期から後期にかけて同じく北米で繁栄したメリキップスは、肩までの高さが1メートルほどになるなど大型化が進んだ。現在のウマの小型品種、ポニーほどの大きさで、草原に適応した最初のウマと考えられている。脚の指は前後とも3本で、しかも両サイドについた2本が明らかに小さくなり、さらに1本指への進化傾向を見せていた。

そして、1本指を獲得した最初のウマとして知られるのが、中新世の中期から後期を生きたプリオヒップスだ。その見た目は、現生種にかなり近づいていたと考えられる。その後、ここからモウコノウマを含む現生ウマにつながるエクウスに進化していった。

ヒュラコテリウム　*Hyracotherium*
始新世の北アメリカとヨーロッパに生息していた、現生するウマ科の最古の祖先とされる哺乳類。大きさは現在の中型犬ほどで、指の本数は前脚4本、後脚3本。もともとは森に暮らし、木の葉や木の若芽、草の実などの植物を食べていたとされる。

約3600万～2400万年前

史上最大の陸生哺乳類パラケラテリウム

陸上哺乳類として最大の大きさを誇るパラケラテリウムは、約3600万～2400万年前の始新世末期から漸新世後期に生息していた。体長7・5メートル、肩高4・5メートルという巨大なウマ目の一種で、現在のサイ類に近いヒラトゴン類に属している。サイ類とはいっても角はなく、体型は首が長いウマのような細身だ。それでも体重は大きい個体で20トン近くあったと考えられており、それは現生のアフリカゾウの約2倍。全体にすらっとしていたにしても、迫力満点の体型である。現生のキリンのような柔軟な上唇をもち、上顎の切歯で高木の小枝や葉をちぎり取って食べたと推測される。また、前脚や後脚が長いことから、巨体ながらもかなり速く走れたと考えられている。

パラケラテリウムのサイズは、陸上哺乳類の限界と見られている。これは哺乳類が内温性動物で、大きいほど体に熱がたまりやすくなるため。こうした性質から、パラケラテリウムは、昼間は避け、気温が下がる夜間などに活動していたとする説もある。

ネコの先祖じゃなかったチュラコスミルス

新生代にはイヌやネコ、アシカなどを含むネコ目（食肉目）の哺乳類が出現した。その祖先、あるいは祖先に近縁な動物と考えられているのが、暁新世から始新世中期にかけて樹上生活をしていた、体長30センチメートルほどのイタチのような体型のミアキスだ。

その後、ミアキスの子孫は平原へ出ていったイヌなどの祖先種、森林にとどまったネコなどの祖先に分岐する。そのうち、漸新世後期から中新世前期にかけて生息したプロアイルルスが、最初のネコ科動物といわれている。さらにその後、中新世に現れたプセウダエルルスが、ライオンやトラといった現代のネコ科動物の直系の祖先と考えられており、ここからサーベルタイガーの名で知られるスミロドンが属するマカイロドゥス亜科などが進化していった。

そんななか、中新世後期から鮮新世後期にかけて南米に生息したチュラコスミルスは、サーベルタイガーに似ているが、その実体は、現在のカンガルーと同じ有袋類に属する動

チュラコスミルス *Thylacosmilus*
中新世後期から鮮新世後期、南アメリカの草原に暮らしていた肉食性の有袋類。外見は鮮新世のネコ目スミロドンや始新世のホプロフォネウスなどと似ているが、系統的には異なる動物である。このように系統が異なっても姿形が似るような現象を収れん進化という。　©UIG/amanaimages

物だった。全長は約1メートルで肉食。最大の特徴は、上アゴに生えた長大なサーベル状の犬歯だ。この犬歯は無根歯なので損傷しても長く生え続け、口を閉じたときにこの犬歯を包み込むように下アゴは出張っていた。また、下アゴには釘状の犬歯が生えていた。

近年の研究では、サーベル牙で咬みつくのではなく、顎を120度ほどに大きく開いて獲物の体に突き立てたと考えられている。そのため、頭を押し下げるため首から頭部にかけての筋肉が発達していた。骨格の構造から脚はそれほど速くなかったようで、待ち伏せをし、強力な筋肉を備えた前脚で獲物の体を押さえつけ捕獲していたと考えられる。スミロドンとチュラコスミルスの形態が似ているのは、収れん進化の結果であろう。

チュラコスミルスの頭骨化石。ネコ科動物の牙以上に強大で一生伸び続ける大きな犬歯が特徴だ。

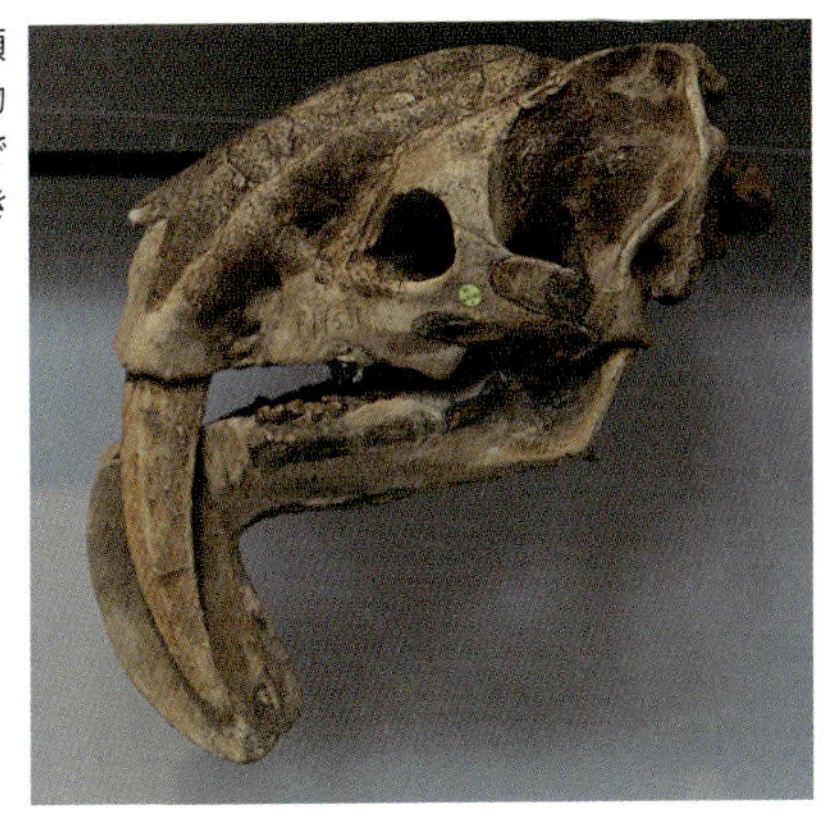

パラケラテリウム　*Paraceratherium*

史上最大と考えられている陸生哺乳類。1980年代末、研究者のスペンサー・ルーカスとジェイ・ソーバスにより系統樹が見直され、別属と見られていたインドリコテリウムやバルキテリウムは本属と同一と判断された。同時に名称は、パラケラテリウムに統一された。

パラケラテリウムの頭骨化石。最大で1.3メートルの頭骨化石が見つかっている。

約5000万年～約5000万年前

始新世に生まれ絶滅したゾウの先祖

始新世には、アフリカに起源をもつゾウ目（長鼻目）の先祖も誕生した。ゾウ目は新生代前半に栄えた最古の有蹄動物であり、草食哺乳類である、初期のゾウの仲間には現生種のような長い鼻はなく、印象としては鼻づらが長いカバのようだった。また、初期のジュゴン目（現生ではジュゴンやマナティー）同様、水陸両棲の傾向が強かったとされる。そもそもジュゴン類とゾウ類は近縁関係にあり、その祖先の生態が似ていても不思議はなく、実際に両者は食性やその他の生態においても共通点をもっていた。

暁新世中期から後期に生息したポスパテリウムは、原始的な特徴をもっていて、体長約60センチメートル、推定体重は約15キログラムと小さく、水生植物を主食としていたと考えられている。ポスパテリウムの鼻は短く、まるでブタか小型のカバのようだった。化石が発見されている仲間では、これが最古のゾウ類と考えられている。

始新世後期から漸新世初期の地層から化石が発見されるメリテリウムは、ポスパテリウムに次いで古い種だ。体長は約2メートル、胴が長く脚はとても短かった。この時代、大陸は分断され大陸ごとに動物相の違いが見られるようになっていたが、アフリカと分断されていたインドやパキスタンで、同様の形態をもつアントラコブネが発見された。これは発見当時、最古のゾウ目ではないかとする声もあったが、過去に見つかった化石は、1930年代に発掘された20個ほどのアゴと歯の断片だけで研究は進まなかった。

それが近年、これまで民族紛争のために調査できなかった地域から、完全体に近い化石が発掘されたことで状況が変わった。詳細な分析の結果、アントラコブネは現代のサイやバクといったウマ類に近い種と判明したのである。ゾウ類とウマ類は遺伝学的にも遠縁で、アントラコブネとポスパテリウムは生息大陸も異なっていたのだが、化石の形態が類似していたのは、似た環境に適応した収れん進化の結果だろう。

ゾウの仲間は中新世後期に大発展した。たとえば、上アゴだけでなく下アゴにもシャベル状の牙をもったゴムポテリウムは、アフリカ、アジア、ヨーロッパ、北アメリカに広く分布した。さらにゴムポテリウムからマンモス類と現生ゾウ類の直接的な祖先が生まれる。しかし、約500万年前の全地球的な寒冷化をきっかけに多くの種が絶滅した。ご存じのとおり、現生するゾウは大別すればアフリカゾウ属とアジアゾウ属の2属だけである。

ゴムポテリウム

Gomphotherium

約2000万年前、中新世前期から鮮新世前期にかけて、日本を含むアジアや北アメリカなどに広く分布していた草食性のゾウ目。特徴的なのは、下アゴについた大きな牙だ。写真は、アメリカ・ネブラスカ州で発見された個体の全身復元骨格。

所蔵:神奈川県立生命の星・地球博物館
(撮影:村上裕也)

モエリテリウム
Moeritherium
約4000万年前の始新世後期から、3000万年前の漸新世まで生息していたと見られるゾウの祖先。胴長短足の体型で、生態は現生する小型のカバに似ていたと考えられている。

約4000万〜約3400万年前

原始のクジラ、バシロサウルス

首長竜が白亜紀末までに絶滅し、新生代の海は新たな王者の出現を待っていた。海岸では一部の陸生哺乳類が天敵から身を守るために海を利用していたが、やがて、もっと水中生活に適応したグループが現れ、逆に、海辺へやってきた哺乳類を襲うようになる。このような生活に移行した哺乳類から、クジラの祖先が生まれた。

最古のクジラ類といわれているのが、約5000万年前に生息していたパキケトゥス。四肢の先に蹄をもった水陸両生で、魚などを食べていたようだ。また、泳法はおそらくは犬かきのようだったと考えられている。4000万年くらい前には、原始的なクジラ類のアンビュロケトゥスが登場。全長3メートル、毛の生えたワニといった形態で半水生。広がった手足には水かきがあったと思われ、脊骨をうねらせながら脚で水を掻いて泳ぎ、海岸近くへやってきた動物を捕食していたと思われる。なお、哺乳類は頭骨の裏に耳骨胞と呼ばれるドーム型の骨に囲まれた耳骨をもつ。クジラ類はドームの縁が分厚く、高密度になっているのだが、先の両者ともすでにクジラ類の特徴であるこの構造を備えていた。

その頃の海は、プランクトンの増加にともなって、さまざまな生物であふれかえっていた。クジラ類は、こうした豊富なエサを求めて世界中の海に進出。古生代に上陸した両生類がやがて哺乳類へ進化し、新生代にクジラとして再び海へと戻っていったのである。

そのもっとも初期の種類として有名なのがバシロサウルスだ。全長は約20メートル、全体的に細長い体が特徴で、3本の指を備えた小さな後脚をもち、骨格から、多少は首を曲げることができたと考えられている。復元された体型から推定すると、遠泳はあまり得意ではなく、浅い海に暮らしていたと見られる。

バシロサウルスの化石は発見当初、恐竜と思われたため「蜥蜴(とかげ)の王」を意味する学名がつけられた。のちにクジラ類であることが判明し、名をゼウグロドンと訂正されたが、命名の規則から正式名称としてはバシロサウルスが用いられている。

バシロサウルスは、現生のクジラの祖先ではあるが噴気孔が頭頂部ではなく、より口先側、吻部の真ん中付近にある。またクジラ類は、力強い尾ビレや厚い皮下脂肪を特徴とするが、バシロサウルスには備わっていなかったようだ。これは陸から海へ生活圏を移行していた原始的クジラの、適応過程の途中の姿だと推測される。

バシロサウルス

Basilosaurus

大きいもので20メートルを超え、体長に比べて頭部が小さい。現生クジラにはない首にあたる部分があり、多少は動かせたようだ。また、現生するハクジラ類がエコーロケーションに使う器官、「メロン」はない。口内にはワニのような鋭い歯が44本生えていたことから、魚類はもちろん、頭足類や小型の海棲哺乳類なども補食の対象にしていたと見られる。

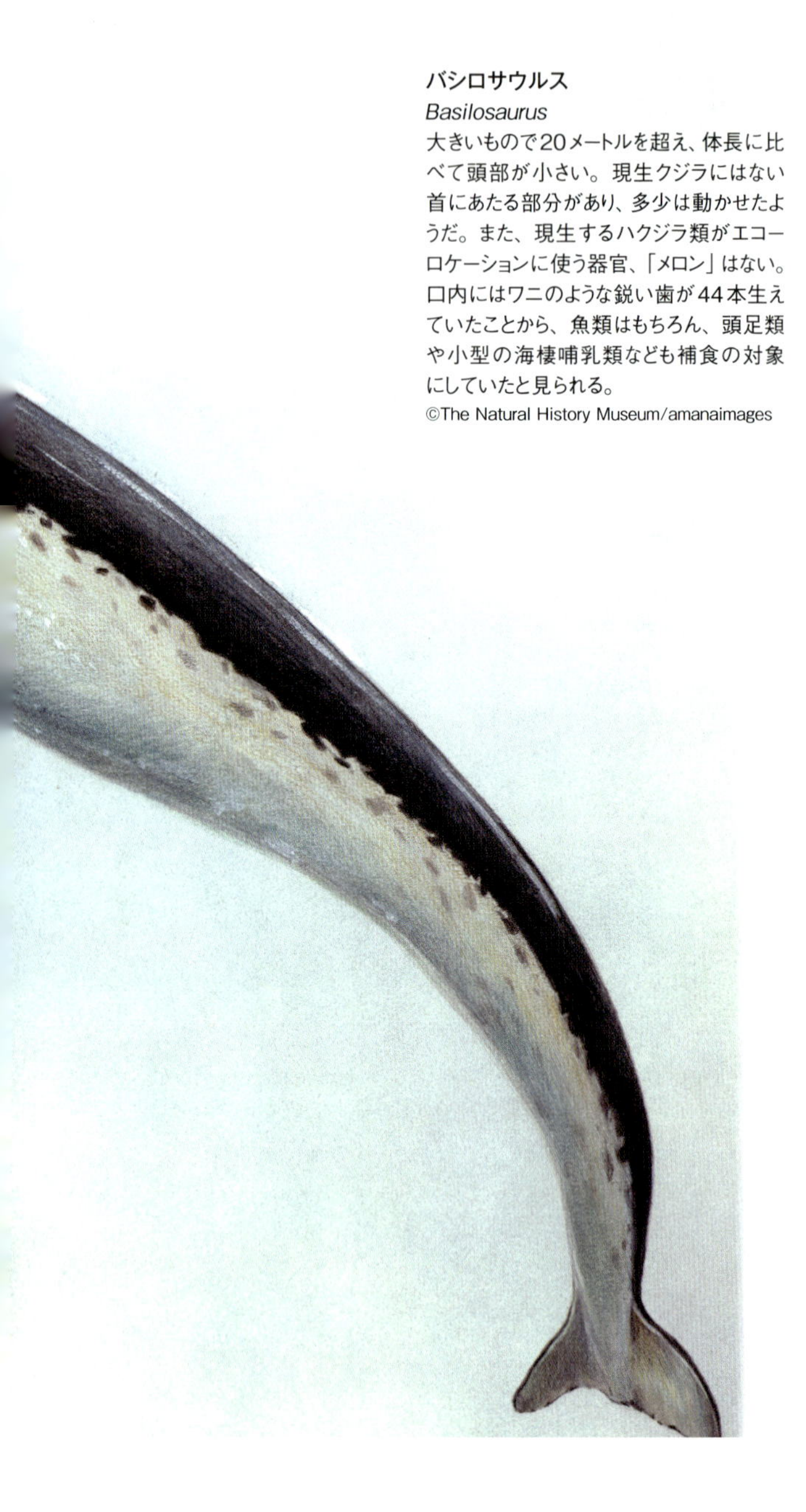

約4700万年前

初期の霊長類ダーウィニウス

ダーウィニウスは、始新世中期に生息していた初期の霊長類※である。姿は原猿類のキツネザルに似て、体長は約25センチメートル（尾を含めると50センチメートル以上）。きわめて保存状態がよい化石が見つかっており、その化石から果実や種子、葉などの消化物がわかっている。草食傾向が強く、拇指対向性の5本の指で、木に登ったり器用に木の実をとることができたと考えられている。

1983年、ドイツで発掘された化石は、研究者の娘にちなみ「イーダ」という愛称がつけられた。当初、指先の平らな爪、比較的短い手足、骨格など、類人猿に続く特徴もうかがえることから原猿類とヒトやサルなどの高等霊長類とのあいだを埋める種だとされ、ヒトの起源を探るうえで鍵となる存在として話題を呼んだ。しかしこれは、マスコミ発表に合わせた急ごしらえの論文であり、その後の調査で、キツネザル類の系統と見られるアダピス類だと判明。イーダは、直接ヒトにつながる種ではないことが明らかとなった。

※霊長目はサル目と表記されることが多いが、当欄では霊長類はサル類とはせずに表記しています。

約6600万年前

最強の鳥ガストルニスの正体

新生代初期の覇者は恐鳥類のガストルニスだ。体高2メートル以上、推定体重175キログラムの巨体で、空は飛べなかったが、かなりの速度で走れたと考えられている。巨大な頭部や鉤型の嘴、力強い脚部など、現生の猛禽類を示す特徴から肉食と思われてきたが、近年、草食性か雑食性だとする説が唱えられている。2013年、ドイツの研究チームは、化石化した骨に残されたカルシウムの同位体組成分析により、エサの内容を特定しようとした。その結果、草食の哺乳類と類似していることがわかったが、確定はしておらず、さらなる解析が続けられている。時代が進むにつれ肉食性の哺乳類が大型化してくると、捕食される危険が高まるうえに、卵が奪われたりして恐鳥類は絶滅したと見られている。

また、恐鳥類ではディアトリュマ（194ページ）も有名だが、近年これがガストルニスと同種ではないかとの説も出ている。認められれば、学名の先取権によりガストルニスの名が有効に、あとから命名されたディアトリュマは無効になる可能性がある。

ガストルニス　*Gastornis*
暁新世の生態系で頂点に君臨していたと思われていた恐鳥類の一種。それが近年、肉食性ではなく草食性、もしくは雑食性とする説が唱えられ議論を呼んでいる。また同時に、ディアトリュマと同一種とする考えもあり、ガストルニス周辺はにわかに騒がしくなっている。

ダーウィニウス・マシラエ（愛称「イーダ」）
Darwinius masillae
1983年、ドイツのメッセルで発掘された、霊長類の化石としてもっとも完全な標本のひとつだ。2009年、「ヒトへ直接つながる祖先」だとし、マスコミを巻き込み大々的に論文発表をしたものの、詳細な分析・調査により、現生するキツネザルなどに似たアダピス類に含まれる種だと判明。残念ながら、ヒトの直系の祖先ではなかった。

約1800万年前（中新世）

ヒトの祖となった類人猿プロコンスル

中新世を生きたプロコンスルは、ヒトやチンパンジーの共通の祖先と考えられる類人猿で、小型のアフリカヌス、中型のニュアンザエ、大型のマヨールの3種が知られている。特徴としては、体のサイズに比べて脳が比較的大きく、長い手足をもち、外見上の尾をもたないことが挙げられる。小型のアフリカヌスは身長が約70センチメートル、体重が約10キログラムと推定されている。類人猿や古人類に特徴的な眼窩上隆起（目の上の出っ張り）はないが、歯の形には類人猿の特徴がはっきりと認められる。ヒトとチンパンジーは、中新世末から鮮新世初期に共通の祖先から分岐したのがわかっているが、プロコンスルはこの共通の祖先に近い存在だと認識されている。

プロコンスルは1948年の発見当時、チンパンジーの祖先と考えられた。当時、人類はラマピテクスなどを祖先とし、類人猿とは早くから分岐したとされていたのである。プロコンスルが、人類進化の過程で重要な位置にあるとされたのは最近のことなのだ。

約3000万〜4000万年前

旧世界ザルや新世界ザルの時代

現在の哺乳類の先祖が出そろった新生代新第三紀には、さまざまな種類のサル類が現れている。そして、中新世から鮮新世は、霊長類の適応放散の時代であった。

旧世界ザルと呼ばれる霊長類真猿下目の狭鼻（きょうび）猿類と新世界ザルと呼ばれる広鼻（こうび）猿類が分岐したのは、約4000万〜3000万年前と考えられている。新世界ザルはオマキザル科、クモザル科などに属するサルの総称で、旧世界ザルはヒト上科に属する類人猿とヒトを除いたオナガザル上科のサルの総称だ。新世界ザルは旧世界ザルに比べて鼻隔の幅が広く、左右の鼻孔が離れているので広鼻猿といわれる。なお、旧世界、新世界という名称は、進化的な古さや新しさではなく、その生息地だ。南アメリカと中央アメリカに産するのが新世界ザルで、アジアとアフリカに産するのが旧世界ザル。中新世の頃、南アメリカ大陸はすでに周囲を海で囲まれた大陸だったが、新世界ザルの祖先は、流木に乗って漂流するなど何らかの方法によって、大陸から海を渡ってきたと考えられている。

プロコンスル *Proconsul*
中新世に現れた、ヒトやチンパンジーの共通の祖先とされる類人猿、プロコンスルのイメージ。長い手足、尾をもたないなどの特徴があった。発見したのは、イギリス出身の古人類学者リーキー夫妻。1948年に東アフリカの中新世の地層から、頭骨や多数の歯、顎骨片などの化石を発見。ただし、発見当初はチンパンジーの祖先と見なされていた。それゆえ属名は、当時のロンドン動物園にいた「コンスル（領事）」という名の人気チンパンジーにちなみ、ラテン語の「それ以前」を意味する「プロ」を冠してつけたもの。

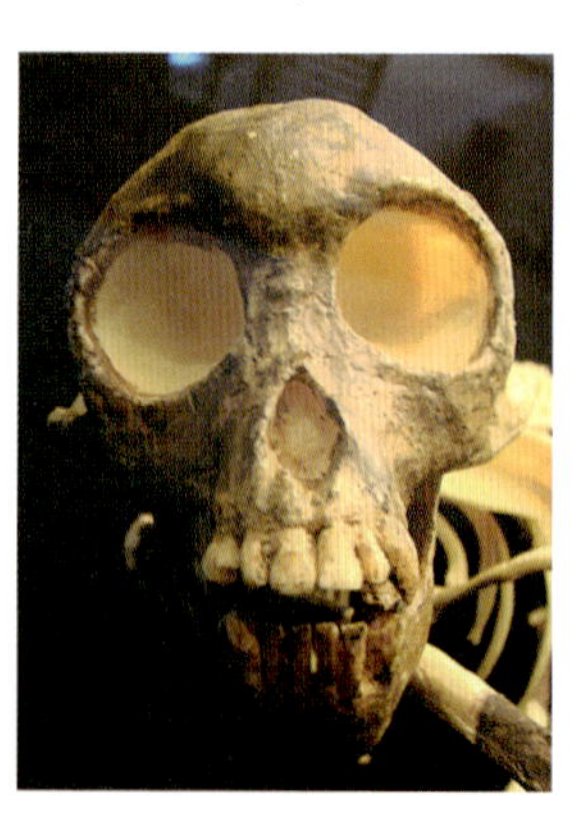

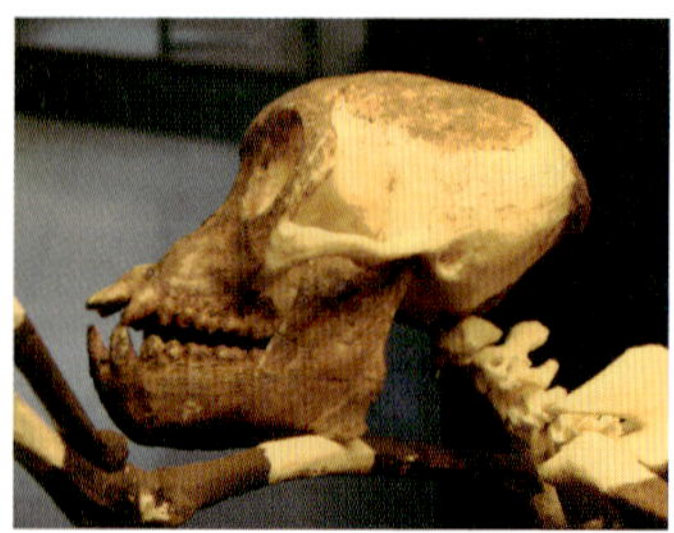

チューリッヒ大学が所蔵するプロコンスルの頭部化石（真正面と左側から見たもの）。

それぞれ独立して進化してきた旧世界ザルと新世界ザルのあいだには、社会構造や習性などいくつかの点で驚くほどの類似点がある。これは系統的に近いからというわけではなく、収れん進化の結果と思われる。旧世界ザルのチンパンジーと新世界ザルのオマキザルが、知能を発達させたのも同様と考えられている。

約2300万年前の中新世に入ると、東アフリカを中心にプロコンスルのような類人猿が繁栄した。しかし、気候の変化などの影響もあり、約1000万年前までに、こうした類人猿は衰退する。そこに代わって現れた異色の存在が、現生類人猿やヒトに近縁な系統だ。700万年前には、最古の人類といわれるサヘラントロプス・チャデンシスが出現。サヘラントロプスは頭骨とアゴの骨の一部、歯しか発見されていないが、頭骨の構造から直立二足歩行を行うことができたと考えられている。その後、今から約400万年前にはラミドゥス猿人の名で知られるアルディピテクス・ラミドゥスが出現。確実な直立二足歩行が指摘されている。この直立二足歩行を始めた理由にはいくつか説がある。長距離を移動する場合、直立したほうが筋肉を傷めにくいとの説、また、両手を使ったほうが大量の食料などを運搬できる、といった説だ。直立二足歩行を発展させ、脳容積を増加させていった猿人は、やがて洪積世の原人ホモ・エレクトゥスへとつながっていくのである。

おわりに

現在、地球上の生物は正式に登録されている種類数だけで200万種近く、未発見のものを含めると、バクテリアのような原核生物を除いても1000万種近くになるのではないかといわれています。そして、これらの多様な生物は長い進化の歴史を経て生まれたものなのです。

本書『古代生物図鑑』では、この進化の歴史に沿って、それぞれの時代を代表するような生物を取り上げ、その存在の証明となる化石の写真をお見せすると同時に、可能な限りその生活の情景を再現するよう努力しました。

ただ、科学の進歩は著しく、従来の学説をひっくり返すような発見も相次いでいます。本書では、これら最新の学説についても、コラムなどで取り上げご紹介しました。今まで当たり前と思われていたことが、どんどん新しい説に置き換わっていくようすを見ていると、科学の力にがっかりするかもしれません。

しかし、新しい発見や考え方、最新の分析方法によって、従来は真実と思われていたことが客観的に再評価され、より真実に近いと思われる説が改めて提唱されるという営みこそ、科学のもっともすぐれたところなのです。化石から再現された図が、前後背腹逆だったこと、別の種類だと思われていたものが同じ動物の体の別の部分にすぎなかったこと、さらには、別の種類の骨を組み合わせて復元されていたことなど。さまざまな誤りが、その後の研究によって改められていく。そのおもしろさも、ぜひ感じ取っていただければと思います。みなさんの身の回りの常識も、ちょっとした発想の転換や、新しい発見によって改められるかもしれませんし、そのきっかけを見つけるのはみなさん自身かもしれないのです。

地球誕生から約46億年。しかし、わたしたち現代人の直系の祖先、いわば最初の人類が出現したのはたった７００万年前です。地球誕生から現在までを1年になぞらえると、人類誕生は12月31日、大晦日（おおみそか）となります。恐竜の出現だって12月中旬です。

つまり、わたしたちがずっと昔のことと思っているできごとは、地球の歴史から見るとつい先日のことなのです。「時の流れ」というものを正しく感じ取ることは、古生物の世界、自然史の世界を理解することだけではなく、わたしたち人類の生きざまについて考えるきっかけにもなるかと思います。本書を手にとっていただいたみなさまには、こうした「時の流れ」を感じ取っていただければ幸いです。

２０１６年　岩見哲夫

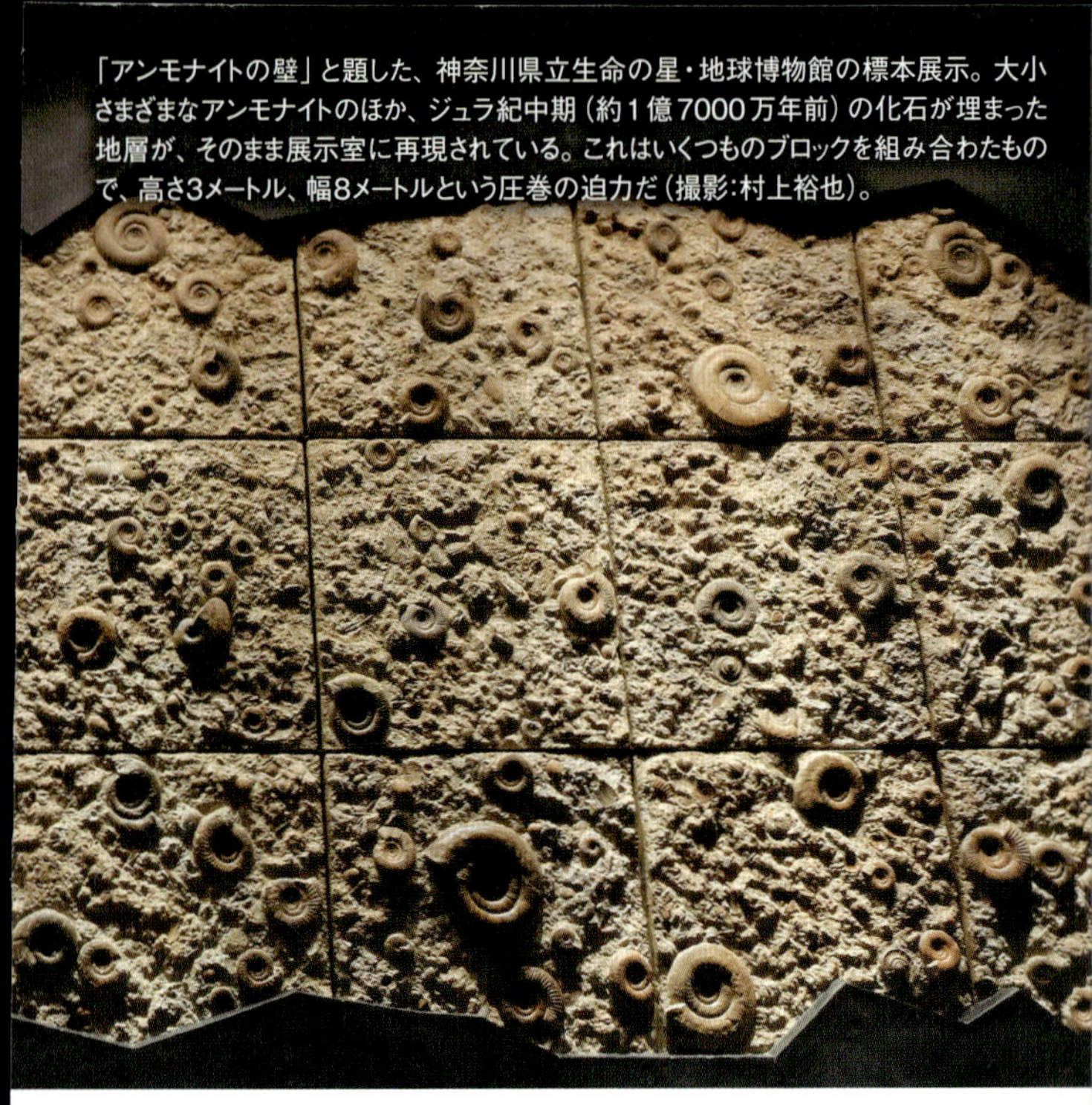
「アンモナイトの壁」と題した、神奈川県立生命の星・地球博物館の標本展示。大小さまざまなアンモナイトのほか、ジュラ紀中期（約1億7000万年前）の化石が埋まった地層が、そのまま展示室に再現されている。これはいくつものブロックを組み合わたもので、高さ3メートル、幅8メートルという圧巻の迫力だ（撮影:村上裕也）。

X.-G.ZHANG & X.-G.HOU 2004. Evidence for a single median fin-fold and tail in the Lower Cambrian vertebrate,Haikouichthys ercaicunensis. Journal of Evolutionary Biology,17,1162-1166.

G.J.Retallack 2013. Ediacaran life on land. Nature,493,11777.

D.-G.Shu,S.C. Morris,J.Han, Z.-F.Zhang, K.Yasui4,P.Janvier,L.Chen,X.-L. Zhang,J.-N.Liu1,Y.Li1 & H.-Q.Liu 2013. Head and backbone of the Early Cambrian vertebrate Haikouichthys,Nature,421,01264,

M.R.Smith,J.-.Caron 2015. Hallucigenia' s head and the pharyngeal armature of early ecdysozoans. Nature,523,14573.

■写真
岩見哲夫、村上裕也、アマナイメージズ、アフロ

■撮影・資料協力
神奈川県立生命の星・地球博物館、葛西臨海水族園

■イラスト
ひらのんさ、アマナイメージズ、アフロ

■編集協力
田口 学、青木 英（アッシュ）

■執筆協力（五十音順）
上野高一、田口 学、幕田けいた、村沢 譲

■主要参考文献

スティーブン・ジェイ・グールド『ワンダフル・ライフ バージェス頁岩と生物進化の物語』(渡辺政隆訳、早川書房、2000年)
日本古生物学会監修『小学館の図鑑NEO 大むかしの生物』(小学館、2004年)
David E.Fastovsky『恐竜学 進化と絶滅の謎』(真鍋真訳、丸善、2006年)
月刊『ニュートン 2007年5月号』(ニュートンプレス、2007年)
更科功『化石の分子生物学―生命進化の謎を解く』(講談社、2012年)
白尾元理、清川昌一『地球全史 写真が語る46億年の奇跡』(岩波書店、2012年)
土屋健『生物ミステリーPRO エディアカラ紀・カンブリア紀の生物』(技術評論社、2013年)
土屋健『生物ミステリーPRO オルドビス紀・シルル紀の生物』(技術評論社、2013年)
土屋健『生物ミステリーPRO デボン紀の生物』(技術評論社、2014年)
土屋健『生物ミステリーPRO 石炭紀・ペルム紀の生物』(技術評論社、2014年)
週刊『150のストーリーで読む 地球46億年の旅』各号(朝日新聞出版、2014年)
冨田幸光監修・執筆『小学館の図鑑NEO DVDつき 新版 恐竜』(小学館、2014年)
高橋典嗣『46億年の地球史図鑑』(KKベストセラーズ、2014年)
ブライアン・スウィーテク『移行化石の発見』(野中香方子訳、文藝春秋、2014年)
土屋健『生物ミステリーPRO 三畳紀の生物』(技術評論社、2015年)
土屋健『生物ミステリーPRO ジュラ紀の生物』(技術評論社、2015年)
土屋健『生物ミステリーPRO 白亜紀の生物 上巻』(技術評論社、2015年)
土屋健『生物ミステリーPRO 白亜紀の生物 下巻』(技術評論社、2015年)
図録『特別展「生命大躍進」脊椎動物のたどった道』(NHK/NHKプロモーション、2015年)

岩見哲夫（いわみ　てつお）

1956年、神戸生まれ。筑波大学第2学群生物学類卒業、筑波大学生物科学研究科修了。理学博士（筑波大学）。東京家政学院大学副学長、現代生活学部教授。大学において「自然史」教育に力を注ぐ。専門は、南極海に生息する魚類、とくにナンキョクカジカ亜目魚類の系統進化、生態などで、1992年に第34次日本南極地域観測隊、2015年に第56次日本南極地域観測隊の隊員として南極海の生物調査を行った。著書に『南極海―氷の海の生態系』（2013年、東海大学出版会、分担執筆）、『南極・北極の百科事典』（2004年、丸善、分担執筆）などがある。

ベスト新書
495

古代生物図鑑（こだいせいぶつずかん）

二〇一六年一月二〇日　初版第一刷発行

著者◎岩見　哲夫

発行者◎栗原　武夫

発行所◎KKベストセラーズ
東京都豊島区南大塚二丁目二九番七号　〒170-8457
電話　03-5976-9121（代表）
http://www.kk-bestsellers.com/

装幀◎坂川事務所

本文デザイン・DTP製作◎奥主詩乃（アッシュ）

印刷所◎近代美術

製本所◎ナショナル製本

ISBN 978-4-584-12495-6 C0245, Printed in Japan,2016